컴퓨터와 IT 그 진화와 미래

컴퓨터를 알면
미래가 보인다

컴퓨터와 IT 그 진화와 미래

컴퓨터를 알면 미래가 보인다

숭실대학교 컴퓨터학부

이담
Books

여는 글

인간이 만든 가장 위대한 발명품은 무엇일까요? 누구나 한 번쯤 책이나 언론매체를 통해 이런 질문에 접해 본 적이 있을 것입니다.

인류의 역사를 바꾼 여러 획기적 발명들 가운데에서, 많은 사람들이 손꼽는 것 중 하나는 인쇄술입니다. 문명이 탄생하고 발전함에 있어 문자와 종이의 발명은 기록과 보관을 가능하게 하였고, 여기에 인쇄술이 발명됨으로써 인간은 축적한 지식과 정보를 더 널리 전파하고 보다 많은 사람들과 공유하며, 문명의 발달을 급진전시킬 수 있었기 때문입니다. 또, 전기나 비행기의 발명은 어떠한가요? 전기는 인간의 생활에 큰 편리함을 가져다주었고 인류사회를 산업화하여 오늘날의 현대사회를 이룬 동력이 되었고, 비행기는 하늘을 날고 싶었던 인류의 오랜 소망을 현실화시키고, 먼 나라를 이웃나라로, 세계의 거리를 좁혀 주었습니다.

그렇다면, 우리가 앞으로 살아가야 할 21세기와 그 이후의 삶에 크나큰 영향을 미치게 될, 20세기의 위대한 발명품은 과연 무엇일까요? 그것은 두말할 나위 없이 컴퓨터라 할 것입니다. 컴퓨터는 인류의 삶을 과거에는 상상할 수조차 없었던 새로운 방식으로 이끌었고, 눈부신 첨단화를 거듭하며 놀라운 발전을 지속하고 있습니다.

초기의 컴퓨터는 단지 빠르고 정확한 숫자계산과 대용량의 자료보관이 가능한 최신기계일 뿐이었습니다. 하지만 오늘날 컴퓨터는 인간의 삶의 모든 부문에 걸쳐 없어선 안 될 중요한 기능을 하고 있습니다. 직접적으로는 책상 곁의 랩톱과 휴대용 노트북으로 생활에 밀착되어 사용되며, 이보다 눈에 띄지 않는 분야에서 훨씬 폭넓고 복잡하게, 예를 들어 공장의 거대한 시스템을 제어하거나 비행기의 항공운항을 관리통제하고, 의료기기로 사용되어 사람의 몸을 치료하고 생명을 유지하는 등, 산업과 교육, 생활, 문화 전반에 걸쳐 사람이 할 수 없는 일을 대신하고, 인간의 창조력과 고유한 능력을 현실화하고 배가하는 것이 바로 오늘날의 컴퓨터입니다.

앞으로도 컴퓨터는 발전을 거듭하며 인류의 삶을 무한히 바꾸어 놓을 것입니다. 그래서 현대의 컴퓨터 기술은 한 나라의 미래를 결정하는 국력이 됩니다. 그리고 오늘날 컴퓨터 기술의 핵심은 바로 소프트웨어입니다.

우리나라가 IT 강국으로서 현재 누리고 있는 지위를 지키고 더욱 강건히 자리매김 하기 위해서는, 세계적인 소프트웨어를 만들어낼 능력과 기술을 가진 유능한 인력을 충실히 확보하고 지속적으로 양성, 배출해내야 합니다.

이 책은 컴퓨터와 IT 분야에 관심을 가진 청소년과 젊은이들에게, 컴퓨터가 발명되고 발전해 온 과정에 관한 흥미롭고 유익한 지식, 또 앞으로 어떻게 진화해 갈지에 대한 전망을 보여줍니다. 그리고 현재 첨단 IT 분야에 종사하며 활약 중인 전문직업인들이 직접 소개하는 생생한 현장 이야기를 통해, 장래를 향한 꿈과 계획에 구체적인 정보를 제공하고자 구성하였습니다.

제1부에서는 1940년대부터 2000년대까지의 컴퓨터 발전사를, 키워드와 함께 10년 단위로 나누어 정리했습니다. 컴퓨터공학의 주요 분야와, 핵심 선도 기업들(IBM, 인텔, 마이크로소프트, 애플, 오라클, 썬 마이크로시스템즈, 삼성

전자, 구글 등)도 간단히 소개합니다.

제2부에서는 미래의 컴퓨터가 어떻게 진화해 갈 것인지를 예측해 봅니다. '스마트폰'의 진화, 차세대 저장매체인 플래시 메모리, 유비쿼터스 세상에서의 정보보호, 서비스 기반의 소프트웨어 개발 방법, 인공지능의 미래, IT 융합 기술, 웹의 발전, 임베디드 시스템, 그리고 '그린 아이티(Green IT)'에 대해 소개하였습니다.

제3부에서는 다양한 산업 분야에서 활동하고 있는 전문직 종사자들의 생생한 육성을 전합니다. 금융·증권 부문, 시스템 통합(SI, System Integration), 휴대전화 개발, 정보검색, 보안, 게임 등 각 분야의 전문가들이 어떤 모습으로 무슨 일을 하는지, 생생한 현장의 경험을 담았습니다.

우리나라 전자계산교육의 효시인 숭실대학교 전자계산학과 컴퓨터학부 (구 전자계산학과) 동문들과 교수진은 학부의 창설 40주년을 기념하여, 미래 우리나라의 IT 산업, 특히 컴퓨터 소프트웨어 분야를 책임지고 이끌어갈 청소년과 젊은이들이 꿈에 한걸음 가까이 다가설 수 있도록 돕고자 이 책을 기획하고 집필하였습니다.

제2, 제3의 빌 게이츠와 스티브 잡스를 꿈꾸는 많은 젊은이들이 이 책을 작은 디딤돌 삼아, 컴퓨터 프로그램이라는 멋진 틀로 자신의 상상력과 재능을 형상화하고 구체화하며 열어가는, 오늘보다 더욱 새로운 내일의 세상을 기대해 봅니다.

숭실대 컴퓨터학부 교수진

목차

여는글 · 5

01 컴퓨터의 진화

1. 1950년대 이전 · 15
   컴퓨터의 탄생의 배경 | 최초의 전자식 컴퓨터 ABC | ENIAC의 탄생
2. 1950년대 · 24
   유니백 | | 트랜지스터 컴퓨터 | 프로그래밍 언어의 탄생 | 운영체제의 등장
3. 1960년대 · 32
   집적회로 | IBM System/360 | 시분할 운영체제
4. 1970년대 · 37
   마이크로프로세서와 인텔 | 운영체제 | 유닉스와 C 언어 | 컴파일러 | 인터프리터와 베이식
5. 1980년대 · 50
   퍼스널 컴퓨터 | MS—DOS와 윈도, 그리고 마이크로소프트 | 애플과 매킨토시| 데이터베이스 | 컴퓨터 네트워크와 인터넷 | 슈퍼컴퓨터
6. 1990년대 · 64
   인공지능 | 소프트웨어 공학 | 분산 시스템 | 리눅스 | ERP | 자바와 썬 마이크로시스템즈 | 메모리의 발전과 삼성전자
7. 2000년대 · 78
   월드와이드웹 | 멀티미디어와 압축 기술 | 유비쿼터스와 센서 네트워크 | 생체인식 기술 | 임베디드 시스템 | 게임과 컴퓨터 그래픽 | 정보검색과 구글 | 보안과 해킹 | 컴퓨터비전

02 컴퓨터 기술의 미래

스마트폰과 인공지능 | 박영택 · 108

저장 메모리의 새로운 강자 플래시 메모리 | 박동주 · 113

유비쿼터스 세상에서의 정보보호 | 이정현 · 119

서비스 기반의 소프트웨어 공학 | 김수동 · 128

인공지능의 내일 | 황규백 · 135

컴퓨터 그래픽스의 새로운 도전 | 성준경 · 143

임베디드 시스템과 IT 융합 기술- 영화 〈매트릭스〉를 통해 | 길아라 · 152

03 소프트웨어 전문가의 길

소프트웨어 아키텍트 | (주)인포레버컨설팅 IT컨설팅사업본부장 서경석 · 162

생동하는 컴퓨팅 환경 | 삼일 PwC 컨설팅 이사 홍석우 · 166

소프트웨어 엔지니어 | 숭실대학교 컴퓨터학부 교수 이남용 · 174

증권회사의 IT 전문가 | 대우증권 IT센터 팀장 변원규 · 177

피플 비즈니스와 소프트웨어 | 삼성SDS 인사팀장/상무 유홍준 · 186

정보보안 전문가 | 국가보안기술연구소 팀장 홍순좌 · 191

게임 개발자 | NHN 게임제작팀 과장 윤경윤 · 197

정보검색 전문가 | NHN 검색 모델링팀 팀장/공학박사 김광현 · 204

맺는 글 · 212

01

컴퓨터의 진화

1950년대 이전

1950년대

1960년대

1970년대

1990년대

2000년대

지금, 컴퓨터가 없는 세상을 상상할 수 있을까? 어느 날 갑자기 컴퓨터가 사라진다면 세상은 온통 뒤죽박죽 혼란에 휩싸이고, 사람들은 많은 불편과 위험에 시달리게 될 것이다. 컴퓨터가 발명된 지 불과 60여 년이 흐른 지금, 우리는 마치 숨을 쉬듯 단 한 순간도 쉬지 않고 컴퓨터를 사용해야 하는 환경에서 살고 있다.

　지금으로부터 이백여 년 전, 전기라는 놀라운 에너지의 존재를 발견한 영국의 학자 마이클 패러데이(Michael Faraday)가 국왕 앞에서 이를 입증하기 위해 개구리의 몸에 전기 자극을 가하며 전기의 실체를 설명하였는데, 경련이 일어나는 것을 보면서도 그 의미를 이해하지 못한 국왕이 "So what(그래서 어떻다는 거지)?"이라며 퉁명스러운 한 마디를 던지고 돌아섰다는 일화가 있다. 그 이후 벨과 에디슨 등에 의해 다양한 장치 발명이 이어지며 전기는 불과 수십 년 만에 인간의 생활방식을 완전히 변화시켰다.

　컴퓨터가 처음 세상에 선을 보인 20세기 중반의 상황도 이와 다르지 않았다. 발명 이후 오늘에 이르기까지, 컴퓨터가 이처럼 변화와 발전을 거듭하면서 전 세계 인류의 삶과 사회, 산업과 문화의 모습을 획기적으로 변화시킬 것이라 예상한 사람은 거의 없었다.

초기 컴퓨터의 기능은 연산과 자료 저장에 그쳤고, 수식 계산이나 기업의 급여 산정 등 한정된 용도로 쓰였기 때문에, 컴퓨터가 있는 전산실은 마치 유리창 안에 격리된 듯 사람들의 일상생활과 거리가 멀었다. 그러나 개인용 컴퓨터, 즉 PC(Personal Computer)가 대중화되고 통신과 그래픽 기능이 발달하면서 컴퓨터는 우리 생활 곳곳에 자리를 잡게 되었고, 앞으로 또 어떤 모습과 기능으로 인류의 삶을 바꾸어 놓을지 예측하기 어려울 만큼 응용분야가 나날이 확대되고 있다.

제1부는 컴퓨터 탄생의 배경과 과정, 그리고 탄생 이후 오늘날에 이르는 70년간의 짧지만 놀라운 발전사를 담고 있다.

각 장에서는 1940년대부터 오늘날까지 10년 단위로 나누어, 각 10년간 핵심이 되었던 기술과 제품, 주요기업 등을 설명했다.

전체 컴퓨터 역사의 방대한 내용 중에서, 70년 동안의 기술 변천 흐름을 이해하는 데에 부족함이 없도록 가장 중요한 사항을 충실히 간추렸다.

1 1950년대 이전

컴퓨터 탄생의 배경

수천 년 전 인간이 수의 개념을 발견한 이래, 점차 다루는 수의 단위가 커지고 계산의 필요성이 증가함에 따라, 더 빠르고 정확한 계산을 위해 인간은 여러 도구를 사용하기 시작했다.

손가락과 나뭇가지, 돌 따위를 이용해 가축의 수를 세거나 곡식의 수확량과 땅의 넓이를 측정하던 인류가, 최초로 개발한 획기적인 계산도구는 주판이다. 기원전 3,000년경 바빌로니아에서 처음 사용되었다고 알려진 주판은 전자식 계산기와 컴퓨터가 등장하기 이전까지 다양한 형태로 개량되어 일상생활에서 널리 유용하게 쓰였다.

그림 1.1 주판

주판은 휴대하기 편하고 정확한 값을 계산할 수 있는 장치였지만 능숙하게 사용하려면 오랜 시간에 걸쳐 사용법을 익혀야 했다[1]. 바이올린이라는 악기에 비유해 보면 아름다운 연주를 하기까지 장기간에 걸쳐 다양한 연주기법[2]을 훈련해야 하는 것과 같은 이치이다. 무엇보다 주판으로는 x^y sin(x)과 log(x)와 같은 어려운 함수는 계산할 수 없다. 그래서 인류는 단순한 조작만으로 원하는 계산식을 풀 수 있는 자동계산기를 꿈꾸었고, 중세 프랑스의 수학자이자 철학자인 파스칼(Blaise Pascal)이 최초로 자동계산기를 발명하여 이 꿈을 실현했다.

1642년 당시 19세에 불과했던 파스칼이 자동계산기를 발명하게 된 계기는, 지방 세무공무원인 아버지의 과중한 계산업무 부담을 덜어 드리려던 소박하고 사소한 것이었다고 한다. '파스칼린(Pascaline)'이라 불리는 이 최초의 자동계산기는, 0부터 9를 표시하는 10개의 톱니를 가진 톱니바퀴로 된 최초의 기계식 장치로 가감산만을 할 수 있었다. 덧셈과 뺄셈은 물론 곱셈, 나눗셈까지 할 수 있는 계산기는 1672년에 독일의 라이프니츠(Gottfried Wilhelm von Leibniz)가 발명하였다.

1800년대에는 영국 캠브리지 대학의 수학교수 찰스 배비지(Charles Babbage)가 현대 컴퓨터의 기본 구조에 큰 영향을 미친 두 가지 기계, 즉 차분기관과 해석기관을 설계하여 그 공로로 오늘날 컴퓨터의 아버지라 불리게 되었다.

앞서 1823년에 설계한 차분기관(Difference Engine)은, 차분법의 원리를 이용해 다항식의 값을 계산하는 장치였다. 이후 1833년에 발표한 해석기관(Analytical Engine)은 현대의 컴퓨터와 비슷한 구조를 가진 일종의 범용 계산기였는데, 그의 설계는 산술연산을 담당하는 밀(mill)과 기억장치인 스토어(store), 수의 전송과 제어를 담당하는 제어장치, 그리고 입력과 출력장치를 갖추고 있었다. 불행

---

1) 과거에는 정규과목으로 주판 놓는 법(주산)을 가르치는 학교가 많이 있었다. 주산 자격증 시험이 있었고 주산세계대회도 열렸다. 주판과 컴퓨터 중 누가 더 빠른지 대결하는 이벤트도 있었다. 지금도 두뇌 개발을 촉진한다고 하여 학원에서 주산을 배우는 어린이들이 많이 있다. 이렇게 주판은 학교나 학원에서 그 사용법을 배우고 연마해야만 사용할 수 있는 계산도구이다.

2) 이것이 소프트웨어의 개념이다.

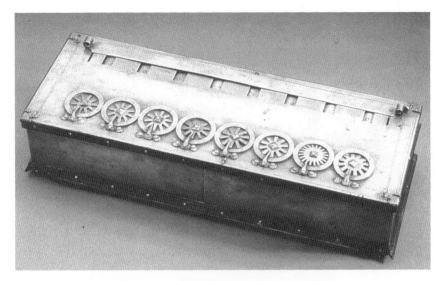

그림 1.2 파스칼 계산기

히도 당시 배비지의 개념들은 시대를 너무 앞서 있어, 생전에 자신이 설계한 장치의 기술적 완성을 이룰 수 없었다.

한편 미국에서는 국세조사의 효율성을 높이기 위해 계산 시스템이 발명되었다. 미국 정부는 1790년부터 10년마다 국세조사를 실시하고 있었는데, 국가 경제가 급속하게 팽창하면서 처리해야 할 데이터의 양도 급증하였다. 급기야 1880년에 실시한 11차 국세조사의 결과 처리에 7년이 넘는 기간이 소요되었고, 데이터 증가 추세를 고려할 때 12차 국세조사 결과가 13차 국세조사 전에 완성될 수가 없어서 조사가 무의미해질 지경이었다. 이에 국세조사국은 빠르고 효율적인 데이터 처리방안을 공모하였고, 여기에서 홀러리스가 제안한 '천공카드 시스템'이 당선되었다.

'천공카드 시스템'을 1890년의 12차 국세조사 데이터 처리에 적용한 결과, 집계는 6주 만에 끝나고 전체 처리에 2년 반 정도가 소요되어, 당시로서는획기적으로 기간을 단축할 수 있었다[3]. 홀러리스는 이 성공에 힘입어 회사를

그림 1.3 배비지의 차분기관

설립하는데, 이를 기반으로 오늘날 세계 최대의 컴퓨터 회사인 IBM이 탄생하게 된다.

　계산을 자동화하고 데이터 처리속도를 높이기 위한 이러한 노력을 바탕으로 1940년대에는 전자공학기술을 이용한 초기 형태의 컴퓨터가 탄생하고, 드디어 1950년대부터 오늘날과 동일한 구조를 가진 컴퓨터가 등장한다.

---

3) 이 시스템은 나중에 캐나다, 노르웨이, 오스트리아, 러시아 등의 국세조사에도 사용된다.

최초의 전자식 컴퓨터, ABC

컴퓨터는 1950년대에 비약적인 발전을 맞는데, 1940년대는 그러한 발전의 토대가 마련된 시기이다.

1940년대의 첫 번째 사건은 전자식 컴퓨터의 등장이다. 아타나소프와 베리, 두 사람에 의해 최초의 전자식 컴퓨터 'ABC'가 개발되고, 뒤이어 펜실베이니아 대학에서 에니악(ENIAC)이 개발되었다. 전기신호를 사용하는 전자식 컴퓨터는 기계적으로 동작하던 계산기에 비해 속도가 훨씬 빨라졌을 뿐 아니라, 제어가 복잡하여 자동화할 수 없던 부분을 자동화함으로써 본격적인 현대식 컴퓨터 시대의 개막을 선포하였다.

두 번째 사건은 내장 프로그램(stored program)의 도입이다. ABC는 프로그램이 고정되어 있어 하루 종일 동일한 일만을 반복하였고, 에니악은 컴퓨터가 수행하는 도중에 반복적으로 프로그래밍을 읽어야 했기 때문에 프로그램을 읽기 위한 제어가 매우 어려웠다. 두 기종이 이러한 어려움을 가진 이유는 프로그램을 컴퓨터 외부에 보관했기 때문이다. 만일 프로그램을 한꺼번에 읽어 들여 메모리에 저장해두었다가, 프로그램이 진행됨에 따라 필요한 프로그램을 순서대로 읽으며 수행하면 컴퓨터의 구조가 매우 단순해질 수 있다. 이러한 방식을 내장 프로그램이라고 하며 오늘날의 모든 컴퓨터는 이 방식을 사용하고 있다.

세 번째 획기적인 사건은 트랜지스터의 발명이다. 트랜지스터는 이 당시 사용되던 진공관보다 훨씬 작고 튼튼하며 전력 소모가 적어서 전자기기의 소형화, 경량화, 고속화를 촉진하였다. 트랜지스터는 상업화를 위한 실험과정을 거쳐, 발명된 지 10여년이 지난 1950년대 후반부터 컴퓨터의 부품으로 이용되었다.

1930년에 아이오와 주립대학 교수로 부임한 존 아타나소프(John Atanasoff)

그림 1.4 ABC

는 복잡한 수학문제를 효과적으로 빨리 푸는 방법에 흥미를 갖고 있었다. 1939년 아타나소프는 대학으로부터 650달러의 연구를 수주하여, 자신의 실험조교인 전기공학과[4] 대학원생인 클리포드 베리(Clifford Berry)와 함께 3년에 걸쳐, 진공관을 사용해 연립방정식을 푸는 컴퓨터를 개발하였다. 이 기계는 제작자들의 이름을 따서 ABC(Atanasoff-Berry Computer)라 불렸고, 오늘날 최초의 전자식 디지털 컴퓨터로 인정을 받고 있다.

ABC는 당시에 프로그래밍으로 풀 수 없었던 연립방정식을 풀기 위해 제작된 컴퓨터이지 범용 컴퓨터는 아니었다. 이보다 조금 늦게 모클리(John W. Mauchly)와 에커트(J. Presper Eckert)가 범용 컴퓨터인 에니악을 발명하여 디지털 전자계산기에 대한 특허를 취득하였다. 하지만 1973년 10월 19일 미국 법원은 이 특허의 권리를 무효화시키고, 최초의 전자계산기는 ABC라고 선언하였다[5].

---

4) 우리나라에는 전기공학과와 전자공학과가 따로 있지만, 미국에는 전자공학과가 따로 없고 대개 전기공학과에서 이 두 학과의 과목을 다 가르친다.

5) 이 재판은 아타나소프가 시작한 것이 아니며, 아타나소프 자신은, 스스로 최초의 컴퓨터 발명가라는 사실을 의식한 적

ENIAC의 탄생

2차 대전 당시 미국은, 폭탄이 최대한 멀리 오래 날아가 정확한 지점에 투하되게 할 수 있는 방법을 절실히 필요로 하였다. 1943년 미 육군은 빠르고 정확한 탄도계산 기계의 개발을 펜실베니아 대학에 의뢰하였다. 이 프로젝트는 모클리와 에커트가 주도하여 1946년에 비로소 기계를 완성하였다. 이미 2차 대전이 끝난 후에 기계를 완성했기 때문에 전쟁에 사용되지는 않았지만, 이 프로젝트의 결과로 인류 최초의 범용 전자식 디지털 컴퓨터인 에니악(ENIAC, Electronic Numerical Integrator And Calculator)이 탄생하게 되었다.

에니악은 17,468개나 되는 진공관을 사용하여 무게가 약 30톤, 부피 1m x 30m x 3m, 소비 전력이 150KW에 달하는 어마어마한 몸집의 기계였다. 또한 당시에는 진공관의 수명이 매우 짧아서 동작 중에도 고장 나는 일이 잦았기 때문에, 몇 개의 진공관이 고장 나더라도 컴퓨터가 계속 동작할 수 있도록

그림 1.5 에니악

도 없었다 한다.

대비하여 설계하였다[6].

에니악은 구조적으로 두 가지 약점이 있었는데 그 중 첫째가 메모리의 부족이었다. 에니악을 제작할 당시의 기술인 진공관 방식으로는 메모리 용량을 충분하게 확보할 수 없었다. 이후에 메모리는 수은지연선 장치나 윌리엄즈 튜브, 자기 드럼 등을 이용하는 방식으로 변화되며, 그 다음으로 자기코어 메모리가 한동안 사용되다가, 반도체 기술이 성숙하여 대용량 메모리 구현이 쉬워진 1980년대 이후부터는 반도체로 제작되고 있다.

두 번째 에니악의 약점은 프로그램 절차가 매우 번거로웠다는 점이다. 메모리가 부족하다보니 외부 프로그램 방식을 사용할 수밖에 없었고, 외부 프로그램을 구동하기 위해서 수천 개의 스위치와 배전반을 조작해야 했다. 에니악 개발팀은 스위치와 배전반을 없애기 위해서 내장 프로그램의 개념을 제안하였고, 이후의 컴퓨터는 모두 내장 프로그램 방식으로 제작된다.

내장 프로그램 개념이 '폰 노이만 컴퓨터 구조'라고 불리는 데에는 일화가 전해진다. 1936년에 수학자 밸런 투링(Alan Turing)이 그의 기념비적 논문을 통해 프로그램과 데이터를 저장하는 메모리를 지닌 가상기계를 설명하였고, 에니악을 개발하던 모클리와 에커트가 그를 토대로 프로그램을 메모리에 저장하는 개념을 완성하였는데, 당시 프로젝트 관리자였던 브레이너드가 이 혁신적인 개념을 채택하지 않아서 에니악에는 적용되지 않았다.

당시 프린스턴 대학에서 원자폭탄 개발 프로젝트에 참여하고 있던 폰 노이만(John von Neumann)이 에니악 개발에 관여하게 되어, 이미 다음 프로젝트에 관한 논의를 진행하고 있던 에니악 개발팀 대신 에니악 프로젝트의 내용을 정리하는 일을 맡아, 에커트와 모클리가 제안한 내장 프로그램의 개념이 포함된 보고서를 작성하였다. 그런데 노이만의 이름으로 된 미완성 보고서[7]

---

6) 고장에 대비하여 여분의 회로를 미리 준비해 두는 결함허용 기술로, 후에 컴퓨터의 신뢰도를 높이는 데에 많이 사용된다.
7) "First Draft of a Report on the EDVAC"이라는 보고서로 1945년 6월 30일에 폰 노이만이 작성한 것으로 되어 있다.

를 그의 동료인 골드스타인이 다른 사람들과 돌려보면서 내장 프로그램의 중요한 개념이 세상에 공개되었고, 그 과정에서 개념의 제안자가 폰 노이만인 것으로 잘못 알려지게 되었다.

부당하다는 지적에도 불구하고 '폰 노이만 컴퓨터 구조'라는 용어는, 폰 노이만이 워낙 유명한 학자라는 사실 탓인지 오늘날까지도 계속해서 사용되고 있다[8].

트랜지스터는 1947년 미국 벨 연구소의 윌리엄 쇼클리(William Shockley), 존 바딘(John Bardeen), 월터 브래튼(Walter Brattain)에 의해 발명되었다. 트랜지스터는 반도체로 만들어진 고체 소자로, 진공관과 유사한 기능을 하면서 크기, 가격, 신뢰성 등에서 훨씬 우수한 특성을 보인다. 따라서 기존의 진공관이 점차 트랜지스터로 대체되는데, 1953년 맨체스터 대학이 최초로 트랜지스터를 이용하여 컴퓨터를 만들었다. 쇼클리, 바딘, 브래튼은 트랜지스터를 발명한 공로로 1956년 노벨 물리학상을 받는다.

---

8) 유명한 석학인 버클리 대학(University of California at Berkeley)의 패터슨 교수와 스탠포드 대학의 헤네시 교수(현재 총장)는 저서에서 이 용어를 쓰지 말자고 주장하고 있다. 하지만 이미 널리 알려진 명칭을 바꾸는 것은 쉽지 않다. 'RAM'이나 '프로그램 카운터' 등의 용어도 적절하다 할 수 없지만 오랫동안 불리어 온 탓에 바로잡지 못하고 있다.

2 1950년대

1950년대의 가장 큰 사건은 상용 컴퓨터의 등장이다. 이전까지 컴퓨터는 주문에 따라 특수한 용도로 만들어지거나 연구용으로 사용하기 위해 자체적으로 제작되었다. 이에 반해 '유니백 I'은 상품으로 기획하여 다량을 판매한 최초의 컴퓨터로, 이때부터 컴퓨터의 상품화와 대량 생산의 길이 열리게 되었다.

두 번째 사건은 트랜지스터 컴퓨터의 등장이다. 1950년대 후반에 컴퓨터의 회로소자가 진공관에서 트랜지스터로 대체됨으로써, 성능이 크게 향상된 제2세대 컴퓨터 시대가 열린다.

1950년대의 세 번째 사건은 소프트웨어의 탄생이다. 초기의 컴퓨터를 사용할 때에는 프로그래머가 자신이 만든 프로그램을 이진수로 된 기계어로 전환하는 일까지 책임져야 했기 때문에 프로그램을 구동하기까지 시간과 노력이 많이 소요되었다. 1950년대에는 프로그래밍 작업을 효율적으로 수행할 수 있게 지원하는 프로그래밍 언어와 번역기가 개발되었다. 1950년대에 만들어진 프로그래밍 언어인 어셈블리어는, 연속된 0과 1로 이루어져 사람이 읽기 힘든 기계어 대신 문자와 숫자를 결합으로 된 초보적인 것이며, 1960~1970년대에는 포트란, 코볼, 알골, 파스칼과 같이 현재에도 일부가 사용되고 있는 고급 프로그래밍 언어가 탄생한다.

한편 일반 사용자가 컴퓨터를 쉽게 사용할 수 있기 위해서는, 하드웨어와 응용 프로그램 사이에서 CPU, 주기억 장치, 입출력 장치 등의 컴퓨터 자원을 관리하는 소프트웨어가 중요하다는 인식이 싹트기 시작했다. 이들 소프트웨어는 전체적으로 조정되고 유기적으로 결합된 현대식 운영체제의 모체로 생각되나, 아직은 운영체제가 확립되거나 간절히 필요한 시기는 아니었다.

유니백 I

유니백(UNIVAC) I은 에니악을 개발한 모클리와 에커트가 제작한 세계 최초의 상업용 컴퓨터이다. 첫 번째 유니백 I은 1951년 미국 국세조사국에 판매되었는데, 최초로 설치되어 운영된 컴퓨터는 1952년 미 공군에 판매된 2호기였다. 원자력위원회에 판매되었던 5호기는 1952년의 대통령 선거 결과를 예측하는데 사용되었다고도 한다. 유니백은 1958년까지 모두 46대가 판매되었고 백만 달러 이상의 총매출을 달성하여 상업적으로도 큰 성공을 거두었다.

그림 1.6 UNIVAC

유니백 I은 무게가 약 13톤으로 5,200개의 진공관을 사용하였으며, 전체 시스템을 설치하는 데에는 35㎡ 이상의 공간이 필요하였다. 유니백 I은 11자리 십진수 1,000개를 기억하는 수은 지연선 메모리를 갖추었으며, 덧셈은 초당 약 8,300번, 곱셈은 초당 약 550번, 나눗셈은 초당 약 180번 정도를 계산할 수 있었다.

회로 소자로써 진공관을 사용한 컴퓨터를 분류의 편의상 1세대 컴퓨터라 일컫는다. 진공관은 열에 달구어진 금속이 전자를 방출하는 원리를 이용하기 때문에[9], 1세대 컴퓨터를 사용하는 컴퓨터실은 열이 많이 나고 전력 소모가 엄청났다. 열은 소자의 수명을 단축하기 때문에 고장이 많이 발생하여 관리가 어려웠으며, 열을 식히기 위하여 냉각장치를 부가적으로 구동해야 했다. 또한 진공관의 수명을 늘리기 위해 진공상태를 유지시키는 유리관이 필요하였으므로 부피를 줄일 수가 없었다.

이러한 단점들로 인해 최초의 전자계산기 소자인 진공관은 차세대 소자인 반도체에 밀려서 역사의 한 페이지로 사라진다. 하지만 당시의 진공관이 톱니바퀴 계산기나 계전기에 비교할 때 획기적으로 빠르고 가벼우며 크기도 작은 우수한 소자였다는 점이 간과되어선 안 된다. 앞서 언급한 여러 단점들이란 현재의 시각에서 본 것일 뿐, 당시에는 과거의 단점을 극복한 훌륭한 기술이었다.

진공관은 메모리로 사용하기에는 부적절했다. 컴퓨터가 원하는 용량의 메모리를 진공관으로 확보하기 위해서는 너무나 큰 공간과 비용, 냉각장치 등의 부가적인 설비가 필요하다는 사실을 이미 에니악이 보여주었다. 에니악 후속 기종에서는 진공관 메모리를 포기하고 수은 지연선 장치가 메모리로 사용되었다. 이후 윌리엄스 관, 자기 드럼 등이 사용되다가 1951년에 자기 코

---

9) 금속에 열을 가하면 표면에서 전자나 이온이 방출된다는 사실을 1880년 에디슨이 발견하였다 하여 '에디슨 효과'로 불린다. 하지만 실제로는 이보다 앞선 1873년 영국인 구드리가 이 사실을 먼저 발견하였다.

어 메모리가 개발되었다. 자기 코어는 1970년대에 와서 반도체 메모리에 자리를 넘겨줄 때까지 오랫동안 메모리로 사용되었다.

1세대 컴퓨터의 프로그램은 주로 기계어로 작성되었다. 이 방식의 프로그래밍은 복잡했을 뿐만 아니라 프로그램의 수정이나 디버깅(debugging)이 어려웠다. 이 시기는 소프트웨어보다는 하드웨어의 시대였으며, 컴퓨터의 상품화와 실용화가 시작된 시기였다. 이 시기의 대표적인 기종으로는 유니백 I, 80, 90과 IBM 650과 700 계열, 버로우즈 220 등을 들 수 있다.

디버깅

디버깅(debugging)은 원래 '벌레를 없애다'라는 뜻이다. 1947년 하버드 대학에서 사용하던 마크 II 컴퓨터가 고장이 났는데, 점검하여 보니 컴퓨터 부품이었던 계전기에 나방이 끼어 죽어 있었다. 이 컴퓨터를 사용하던 그레이스 호퍼(Grace M. Hopper) 박사(여성으로서 나중에 해군 소장까지 진급함)가 이것을 제거하고 컴퓨터를 고친 후 작업일지에 '디버그' 했다고 썼는데, 이후 하드웨어나 소프트웨어의 에러를 '버그'로 칭하며 '디버그'는 이런 에러를 고친다는 뜻으로 현재에도 현장에서 자주 쓰이는 말이 되었다.

트랜지스터 컴퓨터

1953년 맨체스터 대학에서 처음으로 트랜지스터를 컴퓨터 제작에 사용한 이래 컴퓨터의 회로소자가 진공관에서 트랜지스터로 바뀌기 시작하였다. 진공관 대신 반도체 소자를 사용하면서 크기가 작아지고 소비전력이 낮아졌으며, 고장이 적어 신뢰성이 높아졌다. 주기억장치에는 빨리 읽고 쓸 수 있는 짧은 자기 코어가 사용되었고, 기억용량이 커야하는 보조기억장치로는 자기드럼이나 자기디스크가 사용되었다. 컴퓨터 구조의 개선과 소자의 개발로 컴퓨터의 계산 속도는 백만분의 1초 수준으로 향상되었다.

1950년대 대표적인 기종으로는 IBM 1401, 7070, 유니백 III, USSC 80, CDC

3000 계열 등이 있다. 이 기종들은 운영체제(OS, Operating System) 개념을 도입하고, 한 순간에 다중의 프로그램 방식을 수행하는 다중 프로그램 방식을 채용하였으며, 과학기술계산과 일반적인 관리업무 등 다양한 분야에서 사용되었다. 포트란, 코볼, 알골 등의 프로그래밍 언어가 개발되어 컴퓨터의 이용이 더욱 쉬워진 것도 이 시기였다.

프로그래밍 언어의 탄생

지금까지는 주로 하드웨어의 관점에서 컴퓨터 발달과정을 정리하였다. 하드웨어가 발달할수록 소프트웨어의 중요성이 더욱 커지게 되므로 컴퓨터의 관심사는 점차 하드웨어에서 소프트웨어로 옮아가게 되었다. 이제부터는 소프트웨어의 측면도 살펴보기로 하자.

디지털 컴퓨터 하드웨어가 구분할 수 있는 것은 높은 전압과 낮은 전압으로 표현되는 1과 0 뿐이다. 따라서 하드웨어만 있는 컴퓨터에게 특별한 일을 시키려면 0과 1로 표현된 명령으로 지시해야 한다. 이것이 기계어의 개념이다. 초창기 컴퓨터는 소프트웨어가 없었기 때문에 사람이 직접 0과 1로 표현해야 했다. 가령 에니악에서는 스위치를 켜거나 끄는 방법으로 0과 1을 표현했다.

이렇게 사람이 기계어로 프로그램 하는 것은 노력과 시간이 많이 들며 오류가 다수 발생할 수밖에 없다. 따라서 더 편리한 프로그래밍 방법이 필요하였고, 그래서 등장한 것이 어셈블리 언어와 고급 프로그래밍 언어이다. 하지만 하드웨어가 이해할 수 있는 것은 여전히 기계어뿐이므로 어셈블리 언어나 고급 프로그래밍 언어로 작성된 프로그램은 기계어로 번역되어야 한다. 이러한 역할을 하는 것이 어셈블러와 컴파일러, 인터프리터이다.

고급 프로그래밍 언어의 덕택으로 프로그래밍을 능률적으로 할 수 있게 되었다. 현대적 의미의 프로그래밍 언어의 기초는 독일의 추제(Konrad Zuse)에 의해 만들어졌다. 추제는 1948년 자신이 개발한 Z3 컴퓨터를 위한 프로그래밍 언어 플란칼퀼(Plankalkül)을 발표하였으나 구현되지 못했고, 큰 주목도 받지 못하였다.

1950년 윌리엄 슈미트(William Schmitt)는 유니백 I을 위한 기본적 수식 표현이 가능한 쇼트코드(short code)를 개발하였다. 그러나 쇼트코드는 여전히 수식의 표현을 수작업을 통해 이진수로 변환해 주어야 하는 원시적 형태를 벗어나지 못하고 있었다.

1952년 영국의 앨릭 글레니(Alick Glennie)에 의해 오토코드(autocode)라는 프로그래밍 언어와 그 번역기가 개발되어 맨체스터 대학의 MARK I 컴퓨터에서 사용되었다. 이 무렵 미국의 여성 컴퓨터 과학자 호퍼[10]는 프로그래밍 언어 A-0를 제정하고 그 번역기를 개발하여 최초로 컴파일러라고 명명하였다. 호퍼와 그의 팀은 계속해서 A-0를 개량해 마침내 플로우-매틱(Flow-Matic)이라고 하는, 영어와 유사한 데이터 처리용 프로그래밍 언어를 개발하였는데, 이 플로우-매틱은 코볼의 개발에 많은 영향을 미쳤으며 이후 포트란, 코볼과 같은 고급 프로그래밍 언어 개발의 계기가 되었다.

---

10) 디버깅이란 용어를 처음 사용한 사람이다.

포트란은 1957년 IBM 704에서 과학적인 계산을 수행하기 위해 IBM의 존 배커스(John Backus)와 그의 팀에 의해 개발되었다. 포트란은 4칙연산 기호를 그대로 사용하고 log, sin, cos 등의 기초적인 수학 함수들을 호출하여 사용할 수 있으며, 과학계산에 필수적인 벡터, 행렬계산 기능 등을 라이브러리로 내장한 과학 및 공학계산 전문 언어이다.

코볼(COBOL, COmmon Business-Oriented Language)은 복잡한 규칙에 따라서 4칙연산을 주로 하는 일반 사무처리 언어이다. 코볼은 당시 사무처리 언어가 개발업체마다 다르다는 문제점을 인식한 미국 국방부와 CODASYL(Conference on Data Systems Languages)이라는 협의회의 주도로 1959년에 개발되어, 일반 사무실 특히 금융권에서 사용되었다. 코볼은 규칙과 용어가 일상 언어와 비슷하여 익히기 쉽도록 제정되었다.

프로그래밍 언어도 세대별로 구분하는데 1세대 언어는 기계어, 2세대 언어는 어셈블리언어, 그리고 3세대 언어로 포트란, 리스프, 코볼, 알골 60, PL/1 등의 이른바 고급 프로그래밍 언어가 있다.

운영체제의 등장

또 하나의 중요한 소프트웨어는 운영체제이다. 운영체제는 하드웨어와 응용 프로그램 사이에서 서로 원하는 기능을 제대로 발휘할 수 있도록 중개 역할을 수행하면서 CPU와 주기억 장치, 입출력 장치 등의 컴퓨터 자원을 관리하는 소프트웨어 시스템이다. 즉, 인간과 컴퓨터가 원활한 대화를 할 수 있도록 적절한 인터페이스를 제공함과 동시에 컴퓨터의 동작을 관리하고 작업의 순서를 정하며 입출력 장치를 제어하는 역할을 담당한다. 그리고 프로그램의 실행을 제어하며 데이터와 파일을 관리하는 일 등을 모두 운영체제가 담당한다.

최초의 운영체제라 할 수 있는 것은 1956년 GM 연구소가 자사의 IBM 701 컴퓨터를 효율적으로 활용하기 위하여 개발한 GMOS (General Motors Operating System)이다. 그 후 GM과 북아메리카 항공사가 합작하여 입출력 장치 제어를 주 기능으로 하는 IBM 704의 운영체제를 개발하였다. 북아메리카 항공사는 1959년에 IBM 709의 FMS (FORTRAN Monitor System)를 개발하였다. FMS은 컴파일 된 포트란 프로그램을 메모리에 로드, 링크시키거나 또 작업과 작업 간의 제어를 자동적으로 전환하기 때문에 운영자가 컴퓨터를 직접 조작하는 부분을 획기적으로 줄일 수 있다. 운영자의 수작업을 줄이는 이 프로그램은 현대적인 운영체제의 기능 중 많은 부분을 수행하였다. 초기의 제한적 기능을 수행하는 운영체제는 이후 IBM OS/360에 이르러 제대로 모습을 갖추게 되었다.

3 1960년대

    1960년대의 중요한 컴퓨터 기술발전 특징 중 하나는 집적회로(IC, Integrated Circuit)를 사용한 제품의 출현이다. 집적회로는 많은 전자회로 소자를 하나의 기판 위에 초소형으로 집적시키는 기술이다. 1960년대 중반부터 트랜지스터 대신 집적회로를 사용한 컴퓨터가 탄생하여 제3세대 컴퓨터의 시대를 열게 된다.

    제3세대 컴퓨터의 대표적 사례는 IBM의 최고 야심작이자 성공작인 IBM System/360이다. System/360은 집적회로 기술을 적용하여 CPU를 소형화하고 기억용량을 크게 증가시켰다. 또한 System/360은 그동안 제기된 컴퓨터에 관한 불편과 불만사항을 대폭 해결하고, 사용자들이 다양한 소프트웨어를 구사할 수 있게 하였다.

    이 무렵 시분할(time sharing) 운영체제가 등장하면서 컴퓨터 사용방법이 획기적으로 바뀌고 편리해졌다. 시분할 운영체제란 하나의 컴퓨터를 여러 사용자가 대화식으로 공유할 수 있게 지원하는 것이다. 이 체제 하에서 사용자는 컴퓨터와 대화하며 단독으로 쓰는 것과 같이 편리하게 사용할 수 있는 동시에, 컴퓨터는 여러 사용자를 관리하여 사용비용을 절감시킬 수 있다. 이 운영체제는 CPU 스케줄링과 다중 프로그래밍을 이용해서 각 사용자들에게 컴퓨터 자원을 시간적으로 분할하여 동작한다. 컴퓨터는 사람보다 훨씬 빨라서 사람이 1시간 걸리는 일도 몇 초에 마칠 수 있기 때문에, 10msec 단위로 일을 나눠 처리하면 사용자에게 컴퓨터가 자신의 모든 시간을 한 사람을 위해 서비스하는 것처럼 보이도록 할 수 있다.

집적회로

집적회로란 한 개의 칩에서 여러 전자소자와 회로를 구현시키는 기술이다. 1959년 텍사스 인스트루먼트(Texas Instruments)사의 잭 킬비(Jack Kilby)가 최초로 게르마늄 칩 위에 저항기와 축전기를 포함한 서너 개의 부품을 집적하는 데 성공하였다. 킬비는 칩 위의 부품들을 매우 가는 값비싼 금선을 사용하여 일일이 수작업으로 연결했기 때문에 대량화는 원천적으로 불가능하였다.

페어차일드(Fairchild) 반도체 회사의 로버트 노이스(Robert Noyce)는 칩의 위 표면에 실리콘 산화물 절연층을 입힌 다음, 사진인화 방식을 써서 산화물 위에 가는 금속선을 프린트해 칩 위의 부품들을 결합시키는 기술을 개발하였다. 이 방법은 선이 가늘어도 안정되게 동작할 수 있었으며, 사진인화 방식은 복사하기가 용이해서 한 번 디자인한 집적회로는 쉽게 대량으로 복제되었다. 이 기술을 이용함으로써 컴퓨터의 여러 부품들이 소형화되고, 각 부품들을 따로 연결하기보다 하나의 부품에 새겨 넣기 시작하였다.

이 총체적인 문제를 해결하기 위해서 Pascal, C, Ada 등과 같은 표현능력이 우수한 언어와 객체지향 프로그래밍이라는 방식을 구현한 Smalltalk, C++, Simula 등과 같은 새로운 언어가 많이 개발되기도 하였다.

IBM System/360

1950년대 중반 이후에 매출액이 꾸준히 늘어나면서 순조롭게 발전하고 있던 당대의 업계 리더인 IBM은 1960년대 초에 이르러 어려운 시기를 맞게 된다. 컴퓨터 프로그래머 뿐 아니라 기업들로부터도 '컴퓨터를 사용하기가 불편하다'는 불만이 높아졌기 때문이다. 이 당시 소프트웨어는 가격이 매우 비싸서 구입보다 임대의 형식으로 판매되었다. 비싼 가격임에도 불구하고 신뢰

그림 1.7 IBM System/360

성은 낮았고, 사용이 유연하지 못하였으며, 유지·보수와 재사용이 모두 어려웠다. 이러한 불만은 주로 소프트웨어에 원인이 있었다.

고객의 불만에 큰 위기를 느낀 IBM은 대작전을 결행한다. 토머스왓슨(Thomas J. Watson Jr.) 회장과 신제품개발 담당자 프레드 브룩스(Fred Brooks)는 IBM의 기술개발 담당자들에게 'IBM 컴퓨터의 새로운 세대를 위한 전략'을 마련하라고 과제를 주었다. 이 과제는 엄격한 통제 속에서 오랜 기간에 걸쳐서 진행되었으며 그 결과 원자폭탄 개발비의 2배가 소요되었다고 한다. 이 개발 프로젝트명이 'System/360'이다.

System/360 프로젝트의 원칙은 세 가지였다. 첫째는 상업적 성공을 위해 가격이 충분히 저렴할 것, 둘째로 여러 용도로 사용할 수 있는 범용 컴퓨터일 것, 셋째는 기존 컴퓨터의 최대 골칫거리의 하나인 비호환성 문제를 해결할 것이었다. 1964년 4월, 마침내 System/360이 공개되었다. '360'이란 360도의 모든 방면에 뛰어난 팔방미인의 컴퓨터라는 의미였다. 컴퓨터에 집적회로를 사용한 System/360은 중앙처리장치는 소형화되고 기억용량이 커졌으며, 다양한 소프트웨어를 수행할 수 있는 기능이 크게 개선되었다. 특히 System/360은 가격과 성능 면에서 저급부터 고급까지 다양한 라인업을 갖추고, 또 이전에 사용하던 소프트웨어 그대로 상위 시스템으로 업그레이드하는 확장성을 제공함으로써 소비자로부터 뜨거운 반응을 얻었다. System/360의 운영체제인 OS/360은 다양한 컴퓨터 관리 기능을 포함한 대표적 운영체제로서, 특히 하나의 컴퓨터가 여러 개의 프로그램을 메모리에 로드하여 이를 번갈아가며 수행하는 소위 다중 프로그램 기능을 지원하였다. 후에는 세그먼트 기법과 가상 메모리 개념도 도입되었다.

System/360은 컴퓨터 제품에 패밀리 개념을 처음으로 도입한 기종이다. IBM은 프로그램의 호환성은 유지하면서 성능과 가격이 다양한 여러 컴퓨터 모델들에 '패밀리'라는 이름을 붙여 발표하였는데, 이 컴퓨터 패밀리는 컴퓨터구조 역사상 가장 중요한 발명 중의 하나로 인식될 만큼 매우 획기적인 개념이 되었다. 이후 여러 회사에서 컴퓨터 패밀리를 발표하였는데, 그 중에서도 유니백 1108, CDC 6000 계열, 버로우즈 5500, 허니웰 200 계열, NCR Century, GE 400, 600 등이 주목을 끌었다. 그 밖에 PDP, NOVA, HP 등의 미니컴퓨터 시리즈도 관심을 모았다.

제3세대는 소형화와 고성능화를 동시에 추구했던 시대였다. 집적회로가 진공관이나 트랜지스터를 대체하면서 부품들이 소형화되기 시작하였다. 자기잉크 문자 판독기, 광학 문자 판독기 등과 함께 고속의 대용량 기억장치들이 사용되어 3세대 컴퓨터는 데이터를 효율적으로 처리할 수 있었다. 이외에 제3세대에 개발된 주요 기술로는 멀리 떨어진 상대에게 데이터를 전달하는 통신 기술과 수작업으로 수행되었던 여러 작업들을 자동화하는 다양한 소프트웨어들이 있다.

시분할 운영체제

시분할 운영체제는 컴퓨터를 대화식으로 사용하고 싶다는 사용자들의 희망을 실현하였다. 시분할의 개념은 1959년 MIT의 존 매카시(John McCarthy) 교수가 자신의 아이디어를 쪽지에 적어 동료 교수들에게 보낸 것에서 비롯되었다. 이 운영체제는 다중 프로그래밍[11]과 CPU 스케줄링[12]을 이용해 각 사용자들에게 컴퓨터 자원, 특히 CPU를 번갈아 여러 사용자에게 할당한다. 시분할 운영체제에서 한 사용자가 타이핑을 하고 있다면, 컴퓨터 입장에서는 사람의 타이핑 속도가 매우 느리기 때문에 타이핑하는 한 사용자의 다음 타이핑을 무한정 기다리지 않고 다른 사용자의 프로그램을 먼저 수행시킨다. 이러한 개념은 마치 바둑에서, 계산이 빠른 한 사람의 프로기사가 아마추어 유단자 30명을 동시에 상대하는 시합을 벌일 때(실제로 조훈현 기사가 그와 같은 경기를 하였음), 30명의 유단자가 불편을 느끼거나 경기를 쉽게 이기지 못하는 상황과 비슷하다.

시분할 시스템은 서비스를 받고 있는 사용자가 현재 하고 있는 일을 끝내기 위해 소요되는 시간 동안 CPU를 기다리게 하지 않고, 다음 사용자로 프로그램의 수행을 빠르게 전환함으로써 능력을 최대한 발휘하게 할 수 있다. 시분할 운영체제에서는 여러 사용자가 컴퓨터 하나를 공유하여 사용하면서 각 사용자는 컴퓨터를 독점하여 사용하고 있다고 느끼게 된다. 매사추세츠 공과대학(MIT)의 컴퓨터 센터는 1960년에 IBM 7094의 표준 일괄처리 운영체제인 FMS와 호환되는 시분할 시스템 CTSS(Compatible Time Sharing System)를 개발하였다. CTSS는 시분할 시스템이 유용함을 보여 주었을 뿐 아니라 다양한 응용 프로그램 개발을 촉진시켰으며, 다음 세대의 주요 운영체제인 멀틱스(Multics)와 유닉스(Unix)의 개발에 많은 영향을 미쳤다.

---

11) 여러 개의 프로그램을 동시에 실행하는 것.

12) 실행 중인 여러 프로그램이 CPU를 번갈아 사용할 수 있도록 할당하는 것.

4 1970년대

1970년대는 컴퓨터 기술이 획기적으로 발전한 시기이다.

첫 번째 중요한 업적은 1971년 인텔(Intel)에서 개발한 마이크로프로세서이다. 마이크로프로세서는 A4용지 정도 크기의 기존 컴퓨터 CPU를 하나의 칩으로 집적시켰다. 마이크로프로세서로 말미암아 컴퓨터는 일반 대중에 더 가까이 다가갈 수 있었고, 후에 PC 시대를 여는 1등공신이 되었다. 또한 마이크로프로세서는 컴퓨터 외에도 각종 장치에 내장되어 장치를 지능화시키고 있다.

두 번째의 중요한 기술은 1977년에 선보인 초고밀도 집적회로인 VLSI(Very Large-Scale Integration)이다. VLSI에서는 소자들이 가까이 위치해 있어 컴퓨터의 속도를 비약적으로 높이고 크기는 줄였다. VLSI 기술은 이 시기에는 주로 컴퓨터에 적용되었기 때문에 반도체 기술의 진보에 따라서 성능 좋은 컴퓨터가 꾸준히 등장하였다. 또한 디자인 가능한 영역이 늘어남에 따라 새로운 컴퓨터구조가 제안되어 다양하고 빠르며 강력한 여러 종류의 컴퓨터들이 소개된다.

세 번째 사건은 유닉스와 C 언어의 등장이다. 유닉스와 C 언어는 1970년에 미국 굴지의 통신회사인 AT&T(American Telephone & Telegraph) 산하 벨 연구소에서 개발되었다. 유닉스는 교환기 개발용 운영체제로 만들어졌으며 대부분 C 언어로 구현되었다. 유닉스는 그 후 발전을 거듭하여 현재 IBM, HP, 썬 마이크로시스템즈 등 대부분의 컴퓨터 제조회사에서 자사의 버전을 보유할 만큼 보편화되었으며, 특히 1990년대 이후 공개 소프트웨어인 리눅스(Linux)

로 변신하면서 지금도 PC용 운영체제로 사용되고 있다. C 언어 또한 객체지향형 언어인 C^{++}로 진화를 거듭하면서 현재 가장 널리 쓰이고 있다.

70년대를 전체적으로 볼 때 컴퓨터 하드웨어 기술의 발전에 비해 소프트웨어의 발전은 더뎠다. 하지만 운영체제와 컴파일러에 관련된 다양한 이론과 기술들이 연구/개발되었고, 소프트웨어에 대한 인식이 점점 높아졌다. 70년대 후반에는 컴퓨터와 소프트웨어 관련 회사의 창업이 늘기 시작하였다. 마이크로소프트와 애플 컴퓨터, 그리고 오라클도 이 시기에 창립되고 발전하여 오늘날 세계 굴지의 기업으로 성장하게 된다(이 기업들의 이야기는 1980년대 부분에서 살펴보기로 하자).

마이크로프로세서와 인텔

마이크로프로세서는 CPU를 단일 칩에 내장시켜 만든 반도체 소자이다. CPU와 거의 유사한 형태인 비디오 카드의 그래픽 처리 장치(GPU) 역시 마이크로프로세서이다. 마이크로(micro)란 접두사를 붙인 이유는 마이크로프로세서가 그 이전의 보드 형태로 제작된 프로세서인 CPU보다 크기가 매우 작게 칩으로 축소되었기 때문이다.

마이크로프로세서가 개발되기 이전까지 CPU는 진공관이나 트랜지스터와 같은 단독 소자로 구성되거나, 여러 집적회로의 집합체로 구성되었다. 집적회로의 규모가 커지고 많은 회로를 수용할 수 있는 기술이 등장하면서 하나의 대규모 집적회로에 CPU 기능을 모두 집어넣을 수 있게 되었다. 이에 따라 크기는 작아지고 성능은 높아졌으며, 속도가 빨라지고 대량 생산이 가능해짐에 따라 가격도 점차 내려갔다.

대표적인 마이크로프로세서로는 인텔의 80*계열과 모토롤라의 68*계열이 있다. 1971년 최초로 발표된 4004는 4비트를 처리할 수 있는 마이크로프로세서였다. 이 마이크로프로세서는 CPU로서 매우 제한적인 기능만을 수행했기 때문에 마이크로프로세서가 대중적으로 인식하고 사용하기 시작한 제품은 인텔의 8비트 마이크로프로세서가 시초이다. 인텔의 8080은 특히 PC의 CPU 로 매우 널리 사용되었다. 이후에 다양한 마이크로프로세서가 쏟아져 나온 다. 8080을 개량하여 만든 자일로그사의 제품인 Z80은 80년대 초반까지 많이 사용되었다. 모토롤라의 6800과 6809, 모스텍의 6502[13] 등도 널리 사용된 8 비트 마이크로프로세서였다.

1970년대 후반에는 16비트 마이크로프로세서가 등장하였다. 인텔의 8086 과 모토롤라의 68000은 초창기의 16비트 마이크로프로세서인데, 이들은 각 각 IBM PC와 애플 매킨토시에 장착되었다. 그리고 1980년대 중반 이후 인텔 의 80386과 80486, 그리고 모토롤라의 68020과 68030, 68040등 32비트 마이크 로프로세서의 출현으로 본격적인 PC 시대를 맞이한다. 1993년 출시된 인텔 의 펜티엄(Pentium) 프로세서는 300만개 이상의 트랜지스터를 한 개의 칩에 내장하였고 1초당 1억 개 이상의 명령어를 처리하는 연산처리능력을 갖고 있다. 이후에도 마이크로프로세서의 성능은 꾸준히 향상되었다. 그림 1.8은 지난 40년간 인텔과 모토롤라의 주요 제품을 보여준다.

펜티엄

80286, 80386, 80486 이런 식으로 이름을 붙여나가던 인텔이 차기 제품에 80586이라는 이름 대신 펜티엄 이라는 명명을 하고, 이후부터 펜티엄 시리즈를 발표한다. 인텔이 펜티엄이라는 이름을 사용하게 된 사연은 이와 같다. 인텔이 오랜 기간 제품을 개발해 시판하면, 사이릭스나 AMD 등의 회사가 인텔의 마이크로프로 세서와 호환되는 제품을 곧 따라 개발하여 286, 386, 486 등의 동일한 이름을 붙이고 더 싼 값에 팔기 시작 했다. 이렇게 후발 기업에 시장을 잠식당하던 인텔은 이 호환 회사들이 자신의 상표권을 도용했다며 고소 를 하였는데 법원은 숫자를 독점적 상표로 인정할 수 없다는 이유로 인텔 측에 패소 판정을 내렸다. 인텔은 그 이후 상표권을 인정받기 위해 숫자가 아닌 이름을 붙이기로 하였고, 결국 80586란 이름 대신에 5를 뜻하 는 '펜타'의 의미를 담은 '펜티엄'이라는 이름을 채택하게 된 것이다.

---

13) 애플 II의 CPU로 사용된 것으로 유명하다.

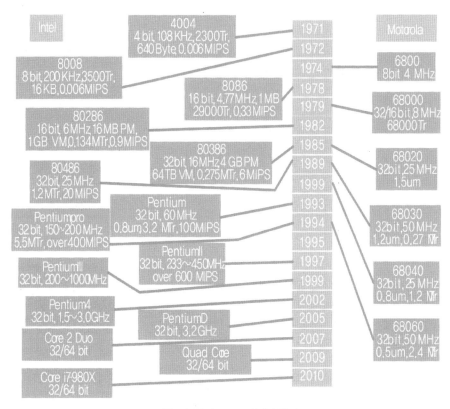

그림 1.8 마이크로프로세서의 발전

　1968년 7월 고든 무어와 로버트 노이스에 의해 설립된 인텔은 현재 마이크로프로세서와 각종 집적회로를 설계, 제작하는 세계 1위의 반도체 기업이다. 인텔(INTEL)이라는 이름은 'INTegrated ELectronics'에서 따온 것이다.

　주력 상품이 메모리칩이던 인텔은 1971년 최초의 마이크로프로세서인 4004를 개발하고 8080을 출시하여 마이크로프로세서 분야의 주도권을 잡게 되면서 이 분야에 전력을 집중한다. 그 이후에 IBM PC XT와 그 호환기종에 장착되어 유명해진 8088 프로세서를 시작으로, 우리나라에서는 386세대란 용어를 탄생시킨 80386이 본격적인 PC시대를 열었고, 이후 PC 및 워크스테이션 시장이 급속히 성장하면서 회사도 따라서 성장하였다.

현재는 주력상품인 펜티엄 브랜드의 여러 가지 프로세서를 비롯한 각종 마이크로프로세서를 생산하고 있다. 그리고 이 밖에도 메인보드 칩셋이나 네트워크 컨트롤러 등 다양한 제품군을 보유하고 있다. 펜티엄 프로세서 이외에도 홈시어터 형 PC를 위한 표준 규격 인텔 바이브와 서버용 프로세서 인텔 제온, 메인보드 내장형 그래픽 칩셋인 익스트림 그래픽스 등의 제품도 생산한다.

쇼클리의 여덟 제자

인텔의 창업 스토리에는 '스승과 8인의 배신자'라는 일화가 숨어 있다. 1950년대 노벨상 물리학상 수상자인 쇼클리에게는 8명의 공대생 제자가 있었다. 이 8명 중에는 인텔의 창시자인 고든 무어와 로버트 노이스가 포함되어 있었다. 당시 벨 연구소에서 일하던 쇼클리는 반도체 사업의 가능성을 예측하고 쇼클리 반도체 연구소를 설립하는데, 이 연구소는 오늘날 실리콘 밸리의 효시가 된다. 당시 벨연구소가 있는 미국 동부는 제반 시설이 잘 갖추어진 반면 쇼클리 연구소가 들어설 서부는 개발이 충분히 이루어지지 않은 상태여서 쇼클리는 연구소 직원을 구하기 힘들었고, 결국 자신의 제자 중 뛰어난 8명을 뽑아 서부로 이주한다. 그러나 이 8명의 제자는 쇼클리의 괴팍한 성격 탓에 불과 1년 만에 쇼클리 반도체 연구소를 뛰쳐나와 '페어차일드 반도체'라는 회사를 설립하였고, 후에 '페어차일드 반도체'는 인텔과 AMD로 바뀌게 된다. 인텔과 AMD는 같은 연구소 출신들이 각각 설립한 회사지만 서로 사이가 좋지 않다고 한다.

운영체제

운영체제는 컴퓨터의 하드웨어를 직접적으로 제어하고 관리하는 시스템 소프트웨어이다. 운영제체는 컴퓨터 사용자 또는 프로그래머가 하드웨어에 관하여 잘 모르더라도 시스템을 편리하게 사용하도록 도와주는 인터페이스를 제공한다. 또한 운영체제는 프로그램 실행 시 필요한 여러 가지 작업, 예를 들어 파일을 접근하거나 프린트 작업 등을 처리해 준다. 이러한 일들은 그림 1.9에서 보는 바와 같이 시스템 호출이라는 방식으로 이루어진다.

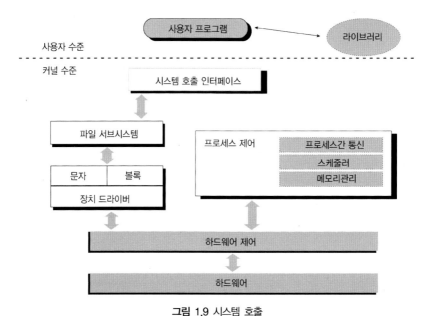

그림 1.9 시스템 호출

운영체제는 자원 관리자라고도 불린다. 이는 사용자가 작업을 하거나 프로그램을 실행하면 컴퓨터의 여러 종류의 자원, 즉 CPU, 메모리, 입출력 장치, 파일, 네트워크 등을 사용하는데 운영체제는 이 자원을 효율적으로 관리하여야 하기 때문이다. 특히, 여러 사용자가 동시에 공유하며 사용하는 시스템에서는 접근체계를 잘 구축하여, 자원을 낭비하는 경우나 사용 중인 자원을 탈취하는 경우가 발생하지 않도록 제어해야 한다. 또한 보안과 어카운팅(accounting)도 중요한 요소이다.

따라서 운영체제의 목적은 다음과 같이 요약할 수 있다.

① 응용 프로그램의 개발과 프로그램이 실행될 수 있는 실행 환경을 제공하고, 입출력, 파일 시스템 등의 서비스를 제공한다.

② 응용 프로그램들을 보호하고 독립성을 유지시켜, 한 프로세스[14]가 다른 프로세스의 실행을 방해하거나 다른 프로세스가 사용 중인 자원에

---

14) 실행 중인 프로그램을 프로세스라 한다.

접근하지 못하게 한다.

③ 하드웨어 등의 자원을 효율적으로 각 프로세스에 할당한다.

운영체제의 핵심이 되는 부분을 커널(kernel)이라 부르며 커널의 영역과 역할을 최소화한 핵심적인 커널을 마이크로 커널이라 한다.

현대적 운영체제의 효시는 1960년대 중반 개발된 IBM OS/360과 1970년 개발된 유닉스라는 것이 중론이다. 현재 가장 널리 사용되고 있는 운영체제는 마이크로소프트사의 윈도(Windows) 계열과 유닉스/리눅스 계열이다. 그 외에 애플사의 맥OS(MacOS)와 임베디드 시스템(예를 들어 휴대전화 등)을 위한 여러 종류의 운영체제가 있다. 또한 최근에는 모바일 단말을 위한 안드로이드 운영체제도 소개되었다.

유닉스와 C 언어

유닉스는 컴퓨터 운영체제의 하나로서 1960~1970년대 벨 연구소 직원인 켄 톰슨, 데니스 리치, 더글러스 매클로리 등이 모여서 개발하였다. 오늘날의 유닉스 시스템은 AT&T를 비롯한 여러 회사들과 미국 버클리 대학 등 비영리 단체들이 개발한 다양한 버전이 있다.

유닉스는 이전에 개발된 CTSS와 멀틱스에서 많은 아이디어를 얻었다. 유닉스는 처음부터 다양한 하드웨어 플랫폼에 이식하기가 쉽게 설계되었고, 멀티태스킹[15]과 다중사용자[16]를 지원하도록 설계되었다.

유닉스가 성공할 수 있었던 이유는 여러 가지가 있겠지만, 가장 중요한 것 중 하나는 유닉스의 대부분이 C 언어로 개발되었다는 점이다. 유닉스는 운영체제와 같이 복잡하고 처리시간이 중요한 소프트웨어는 어셈블리 언어로 작

---

15) 여러 개의 프로그램을 동시에 실행시킬 수 있는 환경
16) 여러 명의 사용자가 동시에 사용할 수 있는 환경

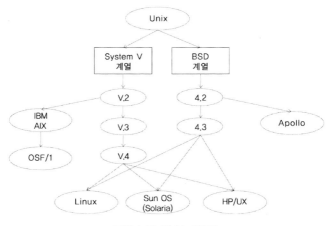

그림 1.10 유닉스 계통도

성되어야 한다는 당시의 일반 상식을 깬 운영체제이다. C와 같은 고급언어를 사용하면 개발기간이 단축되고 변경 및 확장이 용이하다. 또한 1976년 이후 유닉스에 대한 라이센스가 대학뿐 아니라 컴퓨터 업계에도 제공되어, 많은 회사와 단체, 개인이 유닉스를 확장시켰다. 그중 대표적인 것이 버클리 대학에서 개발한 BSD 유닉스 버전이다. 유닉스 상표권은 오픈 그룹이 갖고 있으며, 유닉스 소스 코드에 대한 저작권은 노벨이 소유하고 있다. SCO 그룹은 SCOsource라는 프로그램을 통해 유닉스 SVR4 (UNIX System V Release 4) 및 SVR5의 라이선스를 기업 및 개인에게 제공하고 있다.

1980년대 이후 많은 유닉스 버전들이 만들어졌지만 HP의 HP-UX, IBM의 AIX, NeXT의 NEXTSTEP(나중에 OPENSTEP이 되었다가 이제 Mac OS X가 됨) 및 썬의 솔라리스(Solaris)만 아직도 시장에서 판매되고 있다. 또한, 리눅스와 오픈소스 BSD 등이 주로 사용되다보니 기존의 상업적인 유닉스 시장은 더 이상 명맥을 유지하기 힘들어졌다. 다만 썬의 솔라리스(현재 버전 10)는 예외적으로 서버용 OS로 널리 사용되고 있다. 그림 1.10은 간략히 그린 유닉스 계통도이다.

유닉스와 C 언어 개발의 핵심인물인 켄 톰슨은 유닉스월드 소프트웨어 개발 포럼에서 다음과 같은 사실을 고백했다.

"1969년 AT&T는 GE/Honeywell/AT&T가 공동으로 진행했던 멀틱스 프로젝트를 끝냈습니다. 브라이언과 저는 니클라우스 워스(Niklaus Wirth) 교수의 스위스 ETH 연구실에서 개발된 파스칼 초기판의 완성도를 높이는 작업을 진행하면서 파스칼 언어의 세련된 단순함과 막강한 활용도에 감명을 받았죠.

데니스는 당시 『Bored of the Rings』를 읽었는데 아시다시피 그 소설은 대문호 톨킨의 『반지의 제왕(Lord of the Rings)』에 대한 풍자 패러디였습니다. 우리는 장난삼아 멀틱스 환경과 파스칼을 패러디하기로 했죠. 데니스와 저는 운영체제를 맡았습니다. 우린 멀틱스를 보고 '최대한 복잡하고 암호같이 모호해서' 일반 사용자들이 사용할 엄두를 내지 못할 새로운 시스템을 설계했습니다. 그리고 멀틱스의 패러디로 이름을 유닉스로 정했죠. 조금은 비꼬는 듯한 암시를 주려는 이유도 있었지요.

그다음 데니스와 브라이언은 파스칼을 완전히 뒤섞어놓은 듯한 언어를 만들어 이름을 `A`라고 했습니다. 그런데 사람들이 이 언어 'A'로 중요한 프로그램을 개발하고 있다는 것을 알게 된 우리는 재빨리 언어를 암호화해서 더욱 사용하기 어렵게 만들었습니다. 그 언어가 바로 언어 'C'입니다. 우린 다음과 같은 문장을 깨끗하게 컴파일 할 수 있을 때가 되어서야 비로소 개발을 중단했습니다.

for(;P("\n"),R-;P("|"))for(e=C;e-;P("_"+(*u++/8)%2))P("|"+(*u/4)%2);

현대의 프로그래머들이 이렇게 암호 같은 문법을 허용하는 언어를 사용할 것이라고는 전혀 생각할 수 없었습니다. 언어 C의 보편화 현상은 우리의 상식에 어긋나는 일이었습니다. 우린 사실 이걸 소련(구 소비에트연방)에 팔아서 소련의 컴퓨터 과학 기술을 20년 이상 퇴보하게 만들 생각이었거든요.

상상해보세요. AT&T를 비롯한 미국의 회사들이 실제로 유닉스와 C를 사용하기 시작했을 때 우리가 얼마나 놀랐겠는지. 그 기업들이 우리가 만든 1960년대의 기술적 패러디를 이용해 그럭저럭 쓸 만한 응용 프로그램을 개발하기에 충분한 기술을 축적하기까지 20년이 걸렸습니다. 우리는 유닉스와 C 프로그래머들의 고집에 큰 감명을 받았습니다. 브라이언, 데니스, 그리고 저는 모든 일을 애플 매킨토시에서 파스칼만을 사용하여 작업하고 있습니다. 그리고 오래전 우리의 어리석은 장난으로부터 야기된 혼돈과 혼란, 엉망이 된 프로그래밍에 대해 진정으로 죄의식을 느끼고 있습니다."

이상의 고백이 얼마만큼 진실한 것인지는 확실하지 않다. 유닉스의 큰 성공에 힘입어 언어 C도 크게 성공하였다. 다만 현실적으로 C는 파스칼을 압도하고 있지만 파스칼 언어와 C 언어는 학자들 사이에서 다양하게 평가받고 있다.

C 언어의 모태는 알골60 (그리고 그 후속 버전인 알골68)에 기반을 둔 BCPL이란 언어이다. BCPL은 1970년에 B 언어로 바뀌었고 1972년에 C 언어가 드디어 탄생한다. C 언어에는 여러 버전이 있었는데 1989년 미국의 표준기관인 ANCI에 의해 ANCI C (또는 C89)로 통일된다. 또한 1999년에는 국제표준기관인 ISO에 의해 C99로 진화한다.

C 언어는 거의 모든 응용에 사용할 수 있다. 특히 운영체제를 비롯한 시스템프로그래밍에 매우 적합하여 오늘날에도 가장 널리 쓰인다. 다른 프로그래밍 언어에 비해 익히기가 까다롭지만 라이브러리가 표준 C 라이브러리로 정규화 되어있어서 편리하게 사용할 수 있다.

컴파일러

프로그램이란 컴퓨터가 처리하여야 할 일들을 프로그래밍 언어를 사용하여 표현한다. 이 프로그램을 컴퓨터에서 기계어로 변환하기 위해서는 크게 두 가지 방법이 쓰인다. 한 가지는 컴파일러를 사용하는 방법이고 다른 한 가지는 인터프리터를 사용하는 방법이다.

컴파일러는 특정 프로그래밍 언어로 작성된 문서를 다른 프로그래밍 언어로 옮기는 프로그램이다. 원래의 문서(예를 들어, C 언어를 사용하여 작성한 프로그램)를 소스코드 혹은 원시코드라고 부르고, 컴파일러의 실행 결과로 나온 문서를 목적코드라고 부른다. 원시코드에서 목적코드로 바꾸는 과정을 컴파일이라고 한다. 목적코드는 주로 컴퓨터에서 실행시킬 수 있는 형태(보통 기계어라 부름)로 출력된다. 컴파일러는 언어를 바꾸는 작업을 하기 때문에 언어 번역기라고 할 수 있다.

그림 1.11은 원시코드(예를 들어 C 프로그램)를 컴파일하는 과정을 보여준다. 먼저 어휘(즉 단어)에 대한 분석을 하고 구문(즉 문장)을 분석하여 오류가 없다면 중간코드를 생성한다. 중간코드를 생성하면 중간단계까지만 번역하면 되므로 다양한 목적 언어를 지원할 수 있으며, 사용자가 원하는 다양한 형태로 변환할 수 있어서 사용자가 원하는 바를 반영한 프로그램을 생성할 수도 있다. 즉, 최종 목적코드를 생성하기 전 최적화 단계에서 목적코드 크기를 최소화하거나 크기는 조금 큰 대신에 실행 속도를 높이는 등의 옵션을 선택할 수 있다.

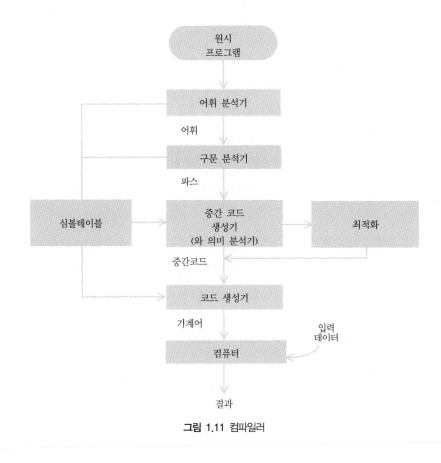

그림 1.11 컴파일러

인터프리터와 베이식

인터프리터는 프로그래밍 언어의 원시코드를 바로 실행시키는 컴퓨터 프로그램 또는 환경을 지칭한다. 컴파일러는 C나 그 밖의 고급프로그래밍 언어로 작성된 프로그램을 기계어로 바꾸는 일을 담당한다. 반면에 인터프리터는 소스코드를 기계어로 번역하지 않고 직접 실행한다. 따라서 기계어로 번역된 프로그램을 만들어 내지 않는다.

최초의 인터프리터 언어는 미국 다트머스 대학의 존 케머니(John Kemeny)

와 토머스 커츠(Thomas Kurtz)가 만든 베이식[17](BASIC, Beginner's All-purpose Symbolic Instruction Code)이다. 두 사람은 누구나 쉽게 배워 프로그래밍을 할 수 있게 하자는 취지로 베이식을 설계했다. 또한, 컴파일 하는 과정 없이 즉시 결과가 나오기 때문에 컴퓨터를 처음 시작하는 사람들이 쉽게 익힐 수 있으며 프로그램을 수정하기 편해서 널리 사용되었다.

일반적으로 인터프리터를 이용해 실행시키면 컴파일러로 번역된 프로그램들보다 실행속도는 늦지만 기계어를 만드는 컴파일을 할 필요가 없으므로 컴파일 시간을 아낄 수 있다. 인터프리터는 전문적인 개발자가 프로그램을 약간 수정한 후에 빠르게 테스트하기 위해서 프로그램의 개발단계에서 사용되기도 한다. 이 외에도 인터프리터를 이용하면 프로그래밍을 대화식으로 할 수 있기 때문에 학생들의 교육용으로도 적합하다.

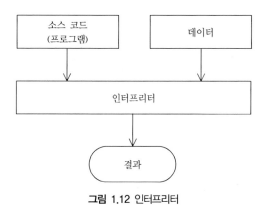

그림 1.12 인터프리터

---

17) '베이식'이 아닌 '베이직'이라 쓰는 사람이 많다. 하지만 '기본적인'이라는 뜻의 영어 단어 basic은 '베이식(bāsik)'으로 발음되며, 미국인들이 사용하는 영어 사전에 등재된 이 프로그래밍 언어 명칭의 발음도 '베이식'으로 되어 있다. '베이직'으로 표기할 합당한 이유가 없는데 계속해서 잘못 쓰이고 있다. 늦었지만 지금이라도 '베이식'으로 바로잡아야 할 것이다.

최근에는 포스트스크립트와 같은 페이지 기술 언어들이 인터프리터 방식을 사용한다. 모든 포스트스크립트 프린터는 포스트스크립트 명령문을 실행하기 위해서 인터프리터를 내장하고 문서의 출력형태와 위치 등을 해석한다.

5 1980년대

1980년대에는 컴퓨터가 새로운 차원으로 발전한다. 첫 번째는 PC의 출현이다. IC 집적기술과 VLSI 설계기술 등의 하드웨어 기술 발전으로 부품의 크기가 작아지고 속도가 빨라졌으며, 가격이 내려가서 PC의 대중화가 이루어질 수 있었다. PC의 출현은 일반인들은 접근할 수 없는 전산실 유리벽[18] 속에 고이 보관되었던 컴퓨터를 보통 사람들의 세상으로 옮겨온 획기적인 사건이었다.

초창기 PC는 IBM이 보급하였다. PC들은 IBM이 종합적으로 설계하였으며 마이크로소프트사의 DOS[19]란 운영체제를 탑재하였다. 그 후에 많은 소규모 회사가 유사한 제품[20]을 생산하였다. 이들 PC는 모두 마이크로소프트사의 DOS를 사용하였는데 이를 계기로 마이크로소프트는 세계 최고의 컴퓨터 회사로 올라선다.

애플 컴퓨터는 독자적인 하드웨어와 운영체제(후에 MacOS로 발전)로 MS-DOS PC에 대항마의 역할을 하면서 한때는 꽤 높은 시장점유율을 확보하였으나 MS-DOS의 벽을 넘지 못하고 업계 2인자의 지위를 유지한다. 그들은 그래픽 위주로 사용자 환경을 제공하는데 힘써서, 최초로 마우스를 도입하여 아이콘을 사용하였으며 그래픽 사용자 인터페이스(GUI, Graphic User Interface)를 처음으로 도입하였다. 아직까지도 전문적인 그래픽을 원하는 사용자들은 애플

---

18) 그 당시 전산실은 대부분 유리벽으로 되어 있었고 일반인의 출입이 금지되었다.

19) MS-DOS(Micrsoft-Disk Operating System)라고 하였는데 나중에 윈도 운영체제로 발전한다.

20) IBM PC와 호환성을 갖는 기종이라 PC Compatible이라고 불렀다.

을 선호할 만큼 강력한 지지층을 갖고 있다. 애플은 고유의 창의성으로 2007년 아이폰을 출시하여 휴대전화 시장의 강자가 되었고, 최근에는 태블릿(Tablet) PC인 아이패드를 출시하여 연이어 세계의 이목을 집중시켰다.

두 번째는 오라클의 등장이다. 컴퓨터의 활용도가 높아짐으로써 자료의 관리 및 활용은 점점 더 중요하게 되었다. 1977년에 설립된 오라클은 소위 관계형 데이터베이스 관리시스템(RDBMS, Relational Database Management System)을 개발하여 데이터베이스 분야의 강자가 되었다. 또한 인터넷을 통해 데이터베이스를 접근할 수 있는 경량 PC인 네트워크 컴퓨터도 창안하였다. 1990년대에는 ERP(Enterprise Resource Planning)라 불리는 기업의 통합정보시스템과 접목하여 그 응용이 더욱 넓어졌다.

세 번째는 네트워크 기술의 혁신적 발전이다. 요즘 사용하고 있는 인터넷의 전신인 알파넷(ARPANET, Advanced Research Projects Agency Network)은 1969년 개발되었지만 초창기에는 미국 국방부에서만 사용되었다. 하지만 1980년대에 컴퓨터 네트워크, 즉 지역망(LAN, Local Area Network)과 광역망(WAN, Wide Area Network)의 발전으로 알파넷은 여러 종류의 다양한 네트워크를 연결하는 인터넷으로 발전된다. 처음에는 이메일과 ftp(파일전송을 위한 기능) 위주였지만 90년대에 웹의 개발로 이제 그 사용범위는 우리의 모든 일상생활과 밀접하게 연결되어 있다.

마지막으로, 소위 슈퍼컴퓨터라 불리는 초고성능 컴퓨터들이 등장한다. 슈퍼컴퓨터는 일반 업무용이 아닌 엄청난 계산을 요구하는 과학 분야나 대용량 데이터베이스를 처리하는 분야에 사용된다. 슈퍼컴퓨터는 1985년 크레이리서치사(Cray Research Inc.)에서 개발한 Cray-2에 의해 대중적으로 알려지기 시작했다. 슈퍼컴퓨터는 이전까지 풀지 못했던 문제를 풀게 해주어서, 물리, 화학 등의 과학 분야와 우주, 항공등의 공학 분야의 발전에 크게 기여하였다.

퍼스널 컴퓨터

개인용 컴퓨터, 퍼스컴, PC라고도 한다. 초창기에는 마이크로컴퓨터란 용어를 사용하였다. 워크스테이션이나 메인프레임 등의 일반 컴퓨터에 비해서 PC는 크기가 작고 가격이 저렴하다는 것도 있지만, 무엇보다 개인전용이라는 점에서 확연히 구분된다. 속도와 용량에 차이는 있지만, 개인전용이면서도 계산과 데이터처리, 통신, 그리고 동영상, 음악, 게임 같은 멀티미디어 사용 등 기능면에서 대형컴퓨터와 차이가 거의 없는 서비스를 제공하고 있다.

역사적으로 최초의 PC는 1971년 발표된 켄백-I(Kenbak-I)[21]이라는 시스템으로 알려져 있다. 이 PC는 사용하기가 무척 불편하였으며 상업적으로도 성공하지 못했다. 1975년에는 MITS 사에서 알테어를, 1976년에는 임사이 사에서 임사이 8080이라는 PC를 내놓지만 지금의 PC와는 거리가 멀었다. 초창기에 상업적으로 성공한 PC는 저렴한 가격의 애플II이다. 애플II는 복잡한 계산을 하거나 멋있는 게임을 하기에는 성능이 빈약하여 컴퓨터에 특별히 관심이 높은 수요자를 중심으로 판매되었다.

실질적으로 컴퓨터로서의 기능을 갖춘 PC는 IBM PC이다. PC란 단어가 본격적으로 쓰인 것은 IBM에서 생산한 퍼스널 컴퓨터의 상품명인 IBM PC에서 시작되었다. 1980년대 PC 시장에서는 IBM PC와 애플 매킨토시가 경쟁했다. 그러다 IBM이 다른 회사에서 자사의 제품과 호환되는 컴퓨터를 만들 수 있도록 기술을 개방함으로써 많은 업체들이 PC를 대량으로 생산하게 되었다. 반면에 매킨토시는 잠시 사용 허가서를 다른 기업에게 넘겼다 이내 회수하였다. 초기시장에서 머뭇거린 잘못은 매킨토시가 시장 점유율을 잃는 원인 중 하나로 지목되었다.

---

21) 켄백은 마이크로프로세서가 나오기 전에 설계되었으므로 놀랍게도 IC들을 사용해서 CPU를 만들었다. 그 이후의 모든 PC는 마이크로프로세서를 CPU로 사용하여, 설계비용과 시간, 생산비를 크게 줄였다.

PC는 1980년대 초반 우리나라에 도입되어, 1990년대에 X386, X486 이란 이름으로 널리 보급되었다. 이는 인텔의 80386, 80486 마이크로프로세서를 탑재한 시스템이란 뜻이었다. 90년대 후반부터는 인텔의 펜티엄 마이크로프로세서를 탑재한 시스템이 가장 널리 보급되었다.

PC는 다음과 같은 종류로 나뉜다.

① **데스크톱 컴퓨터:** 특정 자리에 고정된 사무실 또는 일반 가정에서 흔히 볼 수 있는 컴퓨터

② **노트북 컴퓨터:** 랩탑(laptop)이라고도 함. 가지고 다니면서 어느 장소에서나 사용할 수 있는 휴대용 컴퓨터

③ **PDA(Personal Digital Assistant):** 크기가 노트북보다 더 작고 기능이 더욱 제한된 손바닥만 한 컴퓨터.

④ **네트워크 컴퓨터:** 디스크를 갖고 있지 않거나 적은 용량의 디스크를 갖추고서 응용 프로그램을 네트워크상에서 다운로드하여 사용하는 저가의 컴퓨터

⑤ **태블릿 PC:** 노트북 컴퓨터와 비슷하나, 태블릿 기능이 추가됨.

요즘 PC에서 가장 널리 사용되는 CPU는 32비트의 마이크로프로세서이며, 64비트 마이크로프로세서를 탑재한 PC가 늘어나고 있다. 일반적인 PC는 연산을 담당하는 CPU와 실행되는 프로그램과 데이터를 보관하는 메모리, 파일을 저장하는 디스크, 그리고 입출력 장치로 구성된다.

PC의 성능은 CPU가 가장 크게 영향을 미친다. 또한 메모리 용량이 클수록 성능이 좋아진다. 하지만 사용자 입장에서의 편리성은 역시 입출력 장치이다. 입력장치로는 키보드와 마우스가 보편적으로 사용되며, 조이스틱과 터치스크린 등도 보조적으로 쓰인다. 파일을 저장하는 대용량 장치로는 하드디스크이고, CD와 USB 메모리는 휴대가 간편하여 활용도가 매우 높다.

MS-DOS와 윈도, 그리고 마이크로소프트

MS-DOS는 PC의 가장 대표적인 운영체제로, 1981년에 마이크로소프트가 IBM PC용으로 개발한 단일 사용자·단일 태스크용의 운영체제이다. MS-DOS의 시작은 미국 시애틀 컴퓨터가 개발한 CP/M-86 호환의 86-DOS를 마이크로소프트가 판권을 사서 IBM PC용으로 수정한 것이 최초인데, 그 후에 16비트뿐만 아니라 32비트 PC용으로 사용된 대표적인 OS이다. 1983년에 발표된 MS-DOS 2.0에서는 계층 구조에 의한 파일 관리, 네트워크 기능 등 유닉스에서 제공하는 기능들을 도입하였다.

윈도는 1985년 마이크로소프트가 개발한 GUI 환경의 운영체제로서 오늘날, 전 세계 PC 운영체제 시장의 약 90% 가량을 점유하고 있다. 가장 최근에 발표된 제품으로는 '윈도 7'과 '윈도 서버 2008 R2' 등이 있다.

그렇다면 '윈도'라는 운영체제는 어떠한 과정을 거쳐서 오늘날 가장 널리 사용되게 되었을까?

윈도의 역사는 1981년부터 진행된 'Interface Manager[22]'라는 프로젝트로부터 시작되었다. 'Interface Manager'는 비밀리에 진행이 되다가 1983년에 세상에 개발 사실이 공개되었으며 1985년에 드디어 운영체제 '윈도 1.0'이 발표되었다. 이후 발표 때마다 조금씩 기능이 추가되다가 명령을 키보드로 입력하는 대신에 마우스로 클릭하여 수행시키는 '윈도 3.0'(1990), '윈도 3.1'(1992)이 공개되면서 오늘날 우리가 사용하는 윈도와 비슷한 형태를 갖추기 시작하였다. 마이크로소프트는 '윈도 95'(1995), '윈도 98'(1998), '윈도 ME'(2000) 등이 연달아 발표되면서 PC 운영체제 시장을 독점하게 되었다.

---

22) IBM PC가 1981년 8월에 시장을 공략한 직후 '인터페이스 매니저(Interface Manager)'라는 이름의 프로젝트가 시작되었다. 프로그래머들은 디스플레이 화면의 창이라는 영역에 대해 자주 이야기하곤 했기 때문에 이 이름은 '윈도'로 변경되었다.

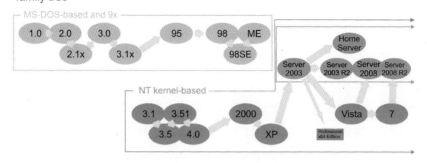

Microsoft Windows
family tree

MS-DOS-based and 9x

1.0　2.0　3.0　　95　　98　ME
　　2.1x　3.1x　　　　98SE

NT kernel-based

3.1　3.51　　2000
　3.5　4.0　　　XP

Home Server
Server 2003　Server 2003 R2　Server 2008　Server 2008 R2

Vista　7

Professional x64 Edition

1985　1987　1989　1991　1993　1995　1997　1999　2001　2003　2005　2007　2009
　1986　1988　1990　1992　1994　1996　1998　2000　2002　2004　2006　2008　2010

그림 1.13 윈도 계통도

흔히 이러한 윈도의 다양한 제품군을 통틀어서 윈도 패밀리(그림 1.13)라고 부르는데, 윈도가 본격적인 틀을 갖추기 시작한 1993년도부터 '가정용'과 '기업용'을 구분하여 개발하게 되었다. 가정용 버전은 사용자 편의성 개선에 초점을 맞추었고, 기업용은 주로 보안과 안정성 향상에 중점을 맞추었다. 가정용에 속하는 운영체제로는 '윈도 95, 98, ME, XP, 7' 등이 있고, 기업용으로는 '윈도 NT 3.1, 4.0, 2000, 2008' 등이 있다.

지난 20년간 IT기술의 발달로 우리는 실생활에서 정말 많은 변화를 경험해왔다. 이중에서 중추적인 변화는 첫째, PC와 휴대전화의 보급, 둘째, 유무선 통신기술의 발달, 셋째, 멀티미디어 자료처리 기술의 진보, 마지막으로 인터넷의 확산을 들 수 있다. 이러한 많은 변화를 마이크로소프트와 빌 게이츠가 이끌었다.

마이크로소프트는 빌 게이츠와 폴 앨런이 1975년 창업하였고 2010년 현재에는 스티브 발머가 최고 경영자로 있다. 1980년대 초 IBM PC에 MS-DOS를 납품하였는데 때마침 PC 시장이 크게 형성되어서 PC 운영체제 시장의 지배권을 쥘 수 있었으며, 1995년 윈도95라는 GUI 운영체제를 출시하여 매킨토시의 장점을 흡수하였다. 그 후 DOS 기반에서 NT(New Technology) 기반으로 바꾸어 새로운 버전, 즉 윈도2000, 윈도XP, 윈도 비스타, 윈도7 등을 계속 출시하였다. 또한 소형 휴대기기용 임베디드 운영체제인 윈도CE도 발표했다.

마이크로소프트는 PC 운영체제 시장에서 점유율이 높아질수록 독점하기 위한 방어적인 조처를 강구하였다. 가령 PC에 오피스 프로그램을 끼워 팔고 인터넷 브라우저인 넷스케이프를 도태시키기 위해 익스플로러를 내정하는 방식이 사회문제화 되었다. 마이크로소프트와 빌 게이츠에 대해서는 이와 같은 시장 독점적 경영정책에 대한 비판이 제기되어 왔다.

애플과 매킨토시

애플은 스티브 잡스, 스티브 워즈니악, 로널드 웨인에 의해 1976년 4월 1일에 창립되었다. 애플의 첫 제품인 애플I은 세계 최초의 PC 중 하나일 뿐만 아니라 최초로 키보드와 모니터를 장착한 제품이었다. 이후 출시된 애플II가 널리 퍼지면서 PC시대가 개막된다.

80년대 중반 출시된 매킨토시(일반적으로 맥으로 불림)는 컴퓨터 사용에 새로운 시대를 열었다. 그 전까지는 키보드로 명령어를 입력하여 컴퓨터를 사용하였는데 매킨토시에서는 아이콘, 메뉴, 마우스 등을 이용하여 프로그램을 실행하는 진일보한 방식을 사용하였다. 즉, GUI(Graphical User Interface, 그래픽 사용자 인터페이스)의 개념을 도입한 것이었다. 이로써 사용자 편리성이 획기적으로 발전하였다. 또한 그래픽 기능과 다양한 에디팅 기능을 제공하여 그래픽을 많이 사용해야 하는 발표 자료를 만들거나, 설계분야 그리고 출판분야에서 각광을 받았다. 특히 출판업에 큰 영향을 미쳐서 이전에는 여러 전문가의 도움을 받아야만 가능했던 일들을 혼자 컴퓨터로 작업해 출판하는 탁상출판이 가능해졌다. 1987년 출시된 Mac II에서는 고해상도 화면을 사용하여 사진과 같은 품질의 그림을 인쇄하였다. 또한 콤팩트한 일체형 시스템, 소형 모니터, 스피커, 3.5인치 플로피 디스크 등으로 1980년대에 큰 인기를 끌었다.

이렇게 승승장구하던 애플에 1980년대 후반부터 어려움이 찾아왔다. 그 이유는 대규모 군단이었던 IBM PC와 달리 후원군이 적어서 타기종과의 호환성 문제가 많았고, 가격이 상대적으로 비싸 출판, 설계 등 특정 분야와 마니아용으로 인식이 변화되어 시장 점유율을 지속적으로 잃고 있었다. 1989년 출시된 매킨토시 포터블도 좋은 반응을 얻지 못했다. 결국은 스티브 잡스가 경영책임을 지고 애플을 떠났는데, 스티브 잡스가 떠난 사실 역시 어려움을 가중시켰다.

애플은 스티브 잡스가 복귀한 후에 화려하게 부활했다. 2007년 1월 스티브 잡스는 '맥월드 샌프란시스코(미국 샌프란시스코에서 열린 매킨토시 컴퓨터 관련 전시회)'에서 회사명을 '애플 컴퓨터'에서 '애플'로 개명한다고 선언했다. 이는 애플이 더 이상 컴퓨터만을 생산하는 회사가 아님을 상징한다. 이미 애플은 2001년에 MP3 플레이어를 출시하여 큰 성공을 거두었으며 2007년에는 스마트폰인 아이폰(iPhone)을 선보여 선풍적인 인기를 끌며 휴대전화 시장에 진출하였다. 또한 2010년에는 태블릿 PC 인 아이패드(iPad)를 출시하며 PC 시장에 새로운 변화를 일으키고 있다.

데이터베이스

데이터베이스(DB, Database)는 말 그대로 데이터의 집합이다. 컴퓨터가 처음 만들어졌을 때부터 컴퓨터의 가장 중요한 역할은 복잡한 계산(주로 과학 및 공학 분야)을 빨리 마치는 것과 방대한 양의 자료(예를 들어 은행, 국세청 등)를 효율적으로 관리하는 것이었다. 따라서 컴퓨터의 초창기 시절부터 자료를 어떻게 효율적으로 보관하고 필요한 자료를 어떻게 빨리 찾아내는가 하는 것은 매우 중요한 과제였다.

현재 널리 사용되고 있는 데이터베이스 관리방법은 1970년 IBM에 근무하던 에드거 코드(E. F. Codd)가 제안한 관계 데이터 모델에 기반을 둔다. 이 모델은 테이블 형태로 구축된 자료들을 수학의 집합론과 논리(AND, OR 등) 개념을 이용하여 검색한다. 이 모델을 적용한 데이터베이스 시스템을 관계형 데이터베이스라 한다.

그리고 1974년 IBM 연구소는 이러한 관계형 데이터베이스를 지원하기 위한 질의 검색언어인 SQL(Structured Query Language)를 개발하였다. 이 언어를 사용하여 사용자는 질의를 간편하게 할 수 있다. 예를 들어 기차표 예매 현황을 보기위해 SQL을 이용하여 컴퓨터에 질의하면, 데이터베이스를 검색하여 질의를 만족시키는 결과를 모두 보여준다. 이러한 하나하나의 처리를 트랜잭션이라 부른다. 즉 트랜잭션이란 사용자 요구 처리를 위한 데이터베이스 연산의 집합이다. 컴퓨터를 이용해 수강신청을 하거나 현금자동인출기에서 입금 또는 출금하는 것도 모두 트랜잭션이다.

데이터베이스 관리시스템(DBMS, Database Management System)은 이러한 트랜잭션을 처리해주는 프로그램이다. DBMS는 수천, 수만, 아니 그 이상의 많은 트랜잭션들을 '동시'에 처리하는 기능을 갖고 있어야 한다. 추석 전 귀성 예매표를 구매하기 위해 '동시'에 몇 개의 트랜잭션이 처리되어야 하는지 상상해 보자. 그림 1.14는 DBMS의 역할을 간략히 보여준다.

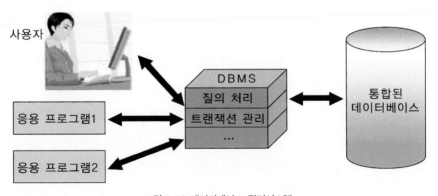

그림 1.14 데이터베이스 관리시스템

컴퓨터 네트워크와 인터넷

컴퓨터 네트워킹이란 여러 컴퓨터나 단말기 사이를 통신회선으로 연결하여 자료를 주고받는 기능이다. 사용자는 컴퓨터를 통신망으로 연결하여 하드웨어나 소프트웨어, 그리고 데이터베이스를 공유하거나 필요한 정보를 받아올 수 있다. 예를 들면, 은행에서는 본점에 설치한 대형 컴퓨터와 지점에 설치한 소형 서버를 네트워크로 연결하여 일상 업무를 하고 있다.

컴퓨터 네트워크가 등장하기 이전에는 사람들은 공중전화망을 이용하여 말로 업무를 보거나 팩스 및 전보 서비스, 아니면 우체국을 통한 우편서비스를 이용하여 문서를 교환하였다. 이제는 데이터통신이 발달하면서 이메일로 팩스보다 훨씬 깨끗한 영상을 수초 만에 지구 반대편으로도 전달할 수 있게 되었고, VoIP(Voice over Internet Protocol)을 사용하는 인터넷 전화를 쓰면 유선전화보다 훨씬 저렴한 가격으로 통화할 수 있다. 또한 웹 기술의 발달로 실시간으로 원하는 음악을 듣거나 동영상을 볼 수 있다.

컴퓨터 네트워크 기술은 1980년대 이후에 급속히 발전하였다. 데이터의 전송속도를 살펴보자. 1980년대 초반에 모뎀을 이용하면 300bps(bit per second), 즉, 1초당 300개의 비트(0 또는 1) 즉 27.5바이트의 알파벳이나 숫자를 전송할 수 있었다. 요즘은 1Gbps 랜도 개발되었다. 1Gbps 랜의 경우 1.4G바이트의 영화를 다운받는데 11.2초가 걸린다.

컴퓨터 네트워크의 범위는 크게 일정 지역 내(예를 들어 회사나 학교 등)의 통신을 위한 근거리 통신망과 거리에 제한이 없는 원거리 통신망으로 분류된다. 그리고 통신 매체에 따라 유선통신과 무선통신 방법으로 나눌 수 있다.

인터넷은 전 세계를 연결하는 국제적인 컴퓨터 통신망이다. 인터넷에 연결된 컴퓨터는 TCP/IP라는 통신 프로토콜 규약을 이용해 인터넷에 연결된 모든 서버와 다른 클라이언트와 정보를 주고받을 수 있다. 인터넷은 초기에는 미국 국방성에서 몇몇 대학의 컴퓨터를 연결하여 데이터통신을 실험하기 위해서 시작하였으며 이제는 전 세계를 수억개의 개인/공공 컴퓨터를 하나로 연결하고 있다.

인터넷에서 이용할 수 있는 서비스는 전자우편(e-mail), 원격 컴퓨터 연결(telnet), 파일 전송(ftp), 유즈넷 뉴스(Usenet News), 인터넷 정보 검색(Gopher), 인터넷 대화와 토론(IRC), 전자 게시판(BBS), 하이퍼텍스트 정보 열람(WWW, World Wide Web), 온라인 게임 등 다양하며 동화상이나 음성 데이터를 실시간으로 방송하는 서비스나 비디오 회의 등, 앞으로 어떠한 새로운 서비스가 나올지 기대된다. 우리나라에서는 1988년 처음 인터넷 서비스를 시작하였으며 가입자가 사용하는 속도나 활용도 면에서 세계 최고의 수준을 보이고 있다.

슈퍼컴퓨터

슈퍼컴퓨터는 현존하는 컴퓨터 중 최고의 성능을 내거나 그와 비슷한 성능을 가진 초고성능의 컴퓨터이다. 이 정의에 따르면 최초의 슈퍼컴퓨터는 1964년 미국 CDC사의 크레이(Seymour Cray)가 설계한 CDC 6600이다. 그 후 1970년대에 들어서면서 컴퓨터구조 기술이 발달하여 새로운 기술을 접목한 여러 형태의 슈퍼컴퓨터들이 개발된다. 슈퍼컴퓨터는 1985년 크레이가 설립한 크레이리서치 사의 X-MP, Y-MP 등의 제품이 크게 성공하면서 대중적으로 알려졌다. 이후 크레이 컴퓨터는 슈퍼컴퓨터의 대명사가 되었다. (크레이리서치는 1996년에 SGI에 합병되었다.)

슈퍼컴퓨터는 일반 업무용이 아닌 엄청난 계산 능력을 요구하는 과학/공학 분야나 대용량 데이터베이스를 처리해야 하는 응용에 사용된다. 예를 들어 일기예보나 회로설계, 암호문처리, 유전자분석, 모의핵실험과 같이 많은 양의 연산이 필요한 분야에 사용된다.

슈퍼컴퓨터의 통계는 1년에 2번 발표하는 'Top 500 Supercomputer Sites'에 자세히 비교된다(http://www.top500.org). 이 보고서는 전 세계에 설치된 컴퓨터 중에서 가장 성능이 좋은 컴퓨터 상위 500대의 목록을 보여준다. 성능 측정을 위해 린팩(Linpack)이라는 벤치마크 테스트 프로그램을 사용한다.

세계에서 슈퍼컴퓨터를 개발하는 선두주자는 미국과 일본이다. 한때는 일본의 NEC에서 제작한 슈퍼컴퓨터가 세계 1위를 차지하기도 했지만 그림 1.15에서 보듯이 슈퍼컴퓨터 시장은 미국의 IBM과 HP가 주도하고 있다.

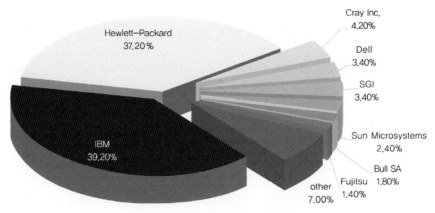

그림 1.15 세계의 슈퍼컴퓨터 시장 현황

우리나라의 슈퍼컴퓨터 현황

국가에서 운영하는 한국과학기술정보연구원(KISTI) 슈퍼컴퓨팅센터는, 1967년 한국과학기술연구소(KIST) 전자계산실로 출범해 우리나라에서 가장 오랜 역사를 갖고 있다. 센터는 1988년 슈퍼컴퓨터 1호기인 Cray-2S를 도입한 이후 매년 300여건의 첨단 과학기술연구에 슈퍼컴퓨팅 자원을 지원해 왔는데, 2009년에 슈퍼컴퓨터 4호기 도입을 마치면서, 2009년 11월을 기준으로 세계 10위안에 드는 슈퍼컴퓨터를 보유하게 되었다. KISTI에는 2010년 현재 800개의 프로세서와 3.5테라바이트의 메모리를 가진 첨단 가시화 장비가 설치되어 있다. 이를 이용하면 연구결과를 3D 입체영상으로 만들어 360°로 회전시키면서 볼 수 있기 때문에 보다 정확하게 결과물을 확인할 수 있다. 그밖에 우리나라에는 15개 기관이 가입하고 있는 한국슈퍼컴퓨팅 센터협의회(KSCA)가 운영되고 있다.

6 1990년대

1990년대에 있었던 컴퓨터 기술의 발전은 다음 일곱 가지로 요약할 수 있다.

첫 번째는 인공지능 기술의 발달이다. 인간의 지능이 필요한 모든 분야에 사용하기 위해 인간 두뇌의 영역으로 그 범위를 확장해 가며, 더 나아가 인간과 유사한 지능을 가진 첨단 컴퓨터 이론과 그 응용에 대해 많은 관심을 갖는 것에서 출발한 학문이 인공지능이다.

두 번째는 소프트웨어 공학의 등장이다. 하드웨어는 비약적으로 발전하는 데 비해 소프트웨어는 발전시키기 어려운 소위 '소프트웨어의 위기'를 해소하기 위해 등장한 학문이다. 소프트웨어 공학은 좋은 품질의 시스템을 개발하는 것과 더불어 시간이나 비용까지도 고려하는 학문분야로서 다른 학문에 비해 역사가 짧아 앞으로 많은 발전이 기대된다.

세 번째는 분산 시스템의 등장이다. 컴퓨터 기술이 발전함에 따라 처리할 수 있는 정보의 단위가 커져가고, 한 대의 서버에 집중해서 처리하기엔 시간과 비용이 많이 소요되었다. 따라서 네트워크 상에 연결된 클라이언트에 작업을 분산하여 처리하는 분산처리 기술이 대두되었다.

네 번째는 리눅스(Linux)의 등장이다. 돈을 주고 구입해야하는 기존 운영체제와 달리, 리눅스는 무료로 공개된 운영체제를 다운받아 사용할 수 있다. 리눅스는 수백만 개발자들이 개발에 참여하여 코드작업을 수행하였으며, 충분한 테스트와 디버깅 과정을 통해 프로그램을 완성하였다. 리눅스에서는 버그가 발견되면 버그의 내용을 공개하며, 버그의 문제를 해결하는 해결책이 단시간에 제시되는 체계가 잘 지켜져서 높은 신뢰성을 얻게 되었다.

다섯 번째는 ERP(전사적 자원 관리)의 등장이다. 1990년까지 기업은 작업의 컴퓨터화를 진행하여 많은 데이터를 컴퓨터에 입력하였는데 각각의 데이터가 분리되어 있어서 이들을 연결시키는데 많은 인원이 투입되었다. 또한 기업의 운영기술이 발전하여 부서 별 역할이 세분화되었으며, 하나하나의 역할을 명확하게 정의할 수 있게 되었다. 이 두 가지 변화에 힘입어 1990년대에는 '기업의 모든 자원을 통합하고 정해진 업무 규칙에 따라서 업무를 수행하는데 도움을 줄 수 있는' 정보시스템이 등장하였다.

여섯 번째는 자바(Java) 언어의 출현이다. Java는 썬 마이크로시스템즈(2010년 1월 오라클사에 합병됨)가 만들었으며 무료로 제공하는 제공객체 지향적 프로그래밍 언어이다. 자바로 개발된 프로그램은 CPU나 운영체제의 종류에 관계없이 자바 가상 머신(JVM, Java Virtual Machine)을 설치하기만 하면 실행시킬 수 있다.

일곱 번째는 삼성전자가 주도한 메모리 관련 산업의 발전이다. 고도 정보화 사회의 진입과 첨단 산업 발전을 위한 핵심이 되고 있는 반도체 산업, 일명 '산업의 쌀'이라 불리고 있는 반도체 산업에서 삼성전자는 이른바 '황의 법칙'을 입증하며 쟁쟁한 경쟁업체들을 제치고 당당히 메모리 분야 세계 1위에 등극했다.

90년대를 전체적으로 살펴보면, 과거 기술에 비해 좀 더 인간친화적인 기술이 크게 대두되었다. 또한 산업이 고도화됨에 따라 과거에는 크게 관심이 없던 부분까지 컴퓨터 기술을 적용하여 비용과 시간을 많이 줄일 수 있게 되었다.

인공지능

인공지능(artificial intelligence)은 인간이 가지고 있는 지적 능력을 컴퓨터에 부여하는 첨단 컴퓨터 분야이다. 인공지능을 사용하면 이전에는 해결할 수 없었거나 해결이 어려웠던 문제를 보다 효율적인 방법으로 해결할 수 있고, 또는 더 나은 결과를 제공할 수 있다. 또한 자연어 처리, 음성인식, 영상인식 등 인간이 감각기관을 통해서 받아들인 정보를 인지하는 기능도 추가적으로 다룬다.

1956년 미국의 다트머스 대학에서 열 명의 과학자가 모여 인공지능에 대한 모여서 토론한 모임이 인공지능의 시초라고 한다. 그 이후 미국의 대학들을 중심으로 게임이나 수학적 정리의 증명, 자연어 처리 등의 작업을 탐색(search), 추론(reasoning) 등의 방법을 통해 수행하는 실험적인 연구들이 시도되었다.

1970년대에는 인공지능 기법을 실세계 문제에 적용하는 전문가시스템(expert system)에 관한 연구가 활발히 진행되었다. 1970년대 중반 혈액 감염증을 진단, 처방, 조언을 해 주는 전문가시스템인 MYCIN이 등장한 이래, 유기화합물의 분자 구조를 추정하는 DENDRAL, 광맥시굴 데이터를 분석하는 PROSPECTOR, 수리처리 시스템인 MACSYMA, VAX 컴퓨터 조립시스템인 R1, 그리고 R1의 후속 시스템인 XCON 등, 질병의 진단, 처방, 관측, 고장진단, 자료 분석, 분류, 설계, 의사결정, 스케줄링 및 계획, 자료검색, 예측, 탐사, 상담, 교육, 관리 등 매우 다양한 응용 분야에서 많은 전문가시스템이 개발되었다.

1980년대 들어서 하드웨어의 발전에 따라 지식표현 및 처리를 효율적으로 수행하기 위하여 LISP, PROLOG 등의 인공지능 언어, 지식베이스 시스템 및 상업용 전문가 시스템 툴 등에 대한 연구 개발이 활발히 진행되었다. 또한 기계학습, 패턴인식, 불확실성 추론, 계획 등에 대한 이론적 토대가 마련되면서 인공지능은 비약적인 발전을 하게 된다.

1990년대에는 다층 신경회로망이 등장하면서 침체기를 겪었던 인공신경회로망(artificial neural network)에 대한 연구와, 애매한 지식을 다루는 분야인 퍼지(fuzzy) 이론 등이 새로운 계산 패러다임을 제시하면서 인공지능 분야는 학문적인 융성기를 맞이한다. 퍼지 이론은 세탁기, 선풍기 등 퍼지 이론을 탑재한 가전제품이 연이어 출시되면서 일반인들에게 알려졌다. 또한, 1997년 IBM에서 제작한 Deep Blue라는 프로그램이 당시 세계 체스 챔피언이었던 카스파로프를 상대로 승리하면서 인공지능 기술은 다시 한 번 사람들의 주목을 받았다.

오늘날 인공지능의 관심분야는 매우 광범위하며, 거의 전 분야에서 지능적인 처리가 요구되고 있다. 최근의 인공지능에 관한 연구는 독립적으로 이루어지기보다 다른 분야와 융합하여 상호보완하며 발전하고 있다. 특히 시맨틱(semantic) 검색, SNS(social network service), 스마트 폰, 스마트 TV, 스마트 그리드, 유비쿼터스 시스템, 지능형 로봇 등의 다양한 분야에서 인공지능 기술을 이용한 제품들이 출시되어 실용화되었다. 기계학습의 발전된 형태인 데이터마이닝(data mining) 기술은 거래자료, 고객자료, 상품자료, 마케팅 자료 등을 기반으로 숨겨진 지식, 기대하지 못했던 패턴, 새로운 법칙과 관계를 발견하는 방법론이다. 데이터마이닝 기술은 비즈니스 인텔리전스(business intelligence)라 불리는 지능형 경영전략 수립 및 경영 프로세스 개선 등의 경영학에도 접목되어 활용되고 있다.

인공지능은 사람은 잘하는데 컴퓨터는 잘하지 못하는 분야에 대해서 사람과 유사한 능력을 구현하는 것이 목표이다. 따라서 어떤 분야에서 이미 컴퓨터가 사람보다 우월하면 (예를 들면 계산, 즐겨찾기, 정보검색 등), 그 분야는 당연히 컴퓨터가 갖춰야할 기능으로 인식되며 인공지능 영역에서 제외된다. 이러한 특성에서 보듯이 인공지능은 컴퓨터 분야에서 가장 도전적이며 앞으로도 개척해야 할 영역이 무한히 넓은 최첨단 분야이다.

소프트웨어 공학

소프트웨어 규모가 대형화되고 소프트웨어 프로세스가 복잡해짐에 따라, 하드웨어 비용대비 소프트웨어 비용 증가, 유지보수의 어려움과 개발정체, 프로젝트 개발에 소요되는 예산/기간 예측의 어려움, 신기술에 대한 교육 및 훈련의 부족 등의 각종 문제가 나타나기 시작하였다. 소프트웨어 공학(software engineering)은 소프트웨어 개발 과정이 공학적으로 미성숙하여 이러한 문제에 잘 대처하지 못하는 현상을 극복하기 위하여 등장하였다. 좀 더 구체적으로 표현하면, 소프트웨어 공학은 좋은 품질의 소프트웨어 시스템을 개발하는 것과 더불어 개발 및 유지보수를 위한 시간이나 비용을 고려하여 소프트웨어 생산성을 높이는 방법론을 연구하는 학문이다. F. L. 바우어는 1968년 독일에서 열린 첫 번째 '나토 소프트웨어 공학학회'에서 앞에서 나열한 문제들을 '소프트웨어 위기'라는 용어로 표현하였으며, 그 이후 이 문제를 해결하기 위한 다양한 방법론이 개발되어 상당한 부분에서 개선되는 효과가 있음을 확인하였다.

소프트웨어는 일반적으로 요구분석·설계·코딩·검사·유지보수 순으로 절차를 거친다. 소프트웨어 공학에서는 이러한 단계를 생명주기(life cycle)를 따른다. 예전에는 코딩(프로그래밍) 단계가 가장 중요하다고 생각했었으나, 소프트웨어의 규모가 커지고 복잡해짐에 따라 구조화된 프로그래밍(structured programming) 기법 등의 전반적이고 체계적인 접근방법이 더욱 중요하다고 생각하고 있다.

애플사의 아이폰의 대대적인 성공은 제품에서 소프트웨어 사용자 인터페이스가 얼마나 중요한지를 알려준 사례이다. 아이폰은 본질적인 가격이나 기능에서는 타사 제품과 유사했지만 사용자가 자신이 모은 음악을 관리하고 플레이할 때에 매우 편한 절차와 체계로 시장을 단기간에 석권하였다. 사용자 인터페이스는 소프트웨어를 다루는 모든 IT업체에 공히 중요한 요소이다. 이 이외에 어떠한 중요한 요소가 있는지를 살펴보려면 소프트웨어 공학적인 접근방법을 이용해야 한다. 소프트웨어 공학은 소프트웨어 개발의 표준을 정의하고 품질을 균일화하며, 산출물의 재활용성 강화와 생산성 향상, 시스템 개발 노하우를 축적할 수 있다는 점에서 컴퓨터 공학의 핵심 분야이다.

분산 시스템

컴퓨터는 우리 사회와 산업, 제품에 많은 변화를 가져왔고, 또한 그 변화들은 다시 컴퓨터를 변화시켰다. 60년대에는 일괄처리 기술을 바탕으로 하는 메인프레임이 주류를 이루었고, 그 이후 70년대에는 온라인 기술을 중심으로 미니컴퓨터가, 80년대에는 개인 생산성을 높이기 위한 PC가 전성기를 이루었다. 90년대에는 대형컴퓨터와 PC의 중간 정도의 기능을 발휘하는 워크스테이션 서버의 가격이 많이 낮아지고, 네트워킹 기술이 비약적으로 향상되어 하나의 기능을 여러 워크스테이션이 나눠서 처리하는 분산 시스템이 보편화되었다.

분산 시스템(distributed system)이란 네트워크에 연결된 여러 대의 컴퓨팅 자원(메모리, 디스크, CPU)을 목적에 따라 결합된 형태로 다른 컴퓨팅 플랫폼에서 이용하도록 허용하는 기술이다. 대표적인 분산 시스템 구조가 클라이언트(client)/서버(server) 시스템이다.

이전 세대에서 단말기들은 호스트 컴퓨터에서 제공하는 서비스를 일방적으로 받을 수 있었다. 클라이언트/서버 시스템에서는 서버가 생성한 서비스를 여러 클라이언트가 자체적인 프로세싱을 거쳐서 수용할 수 있다. 분산 시스템을 구축하기 위한 중요한 프로그램들이 오랫동안 개발되었다. 1970년대에는 이해하기 어려운 통신 프로토콜을 쉽게 작성하게 도와주는 우리말 번역기의 역할을 하는 소켓 프로그래밍이 등장하였고, 1980년대에는 RPC(remote procedure call)이 등장하여 다른 컴퓨터에 존재하는 함수를 사용자가 실행할 수 있게 됐다.

1990년대에는 객체지향 기술을 접목한 RMI(remote method interface)가 등장하였다. RMI는 어떤 애플리케이션에서 멀리 떨어진 곳에 위치한 애플리케이션의 메소드를 호출하거나 이 애플리케이션의 변수에 접근할 수 있고 객체를 네트워크를 통해 주고받을 수 있게 한다. RMI이 등장한 후에 서로 다른 프로그램들이 다른 컴퓨터에 존재하고 실행된다는 기존의 분산 시스템의 개념은 각 객체가 네트워크상에 분산되어 존재하는 형태로 변화되었다. 2000년대에는 분산객체기술을 도입하여 P2P 등 인터넷 상에 다양한 비즈니스 서비스 객체를 생성하고 활용하기 위한 웹서비스 기술이 발달하게 되었다.

분산 처리 기술은 최근에는 그리드 컴퓨팅(grid computing)이라는 새로운 극단적인 형태의 컴퓨팅 기술을 만들어냈다. 그리드 컴퓨터는 그리드 컴퓨팅 작업을 하기로 약속한 많은 PC나 서버가 사용자가 사용하지 않아 쉬고 있는 동안에 맡은 일을 처리한 후 본부에 보고하는 방법으로 슈퍼컴퓨터만이 할 수 있는 풀기 어려운 문제를 푸는데 활용하는 컴퓨터 집합이다. 그리드에 연결된 PC는 처리용량이 적더라도 PC를 대규모로 모을 수 있다면 슈퍼컴퓨터와 맞먹는 일을 해낼 수 있다. 작업은 큰 일거리를 잘게 쪼갠 후에 쪼갠 일을 수천~수만 대의 PC에 나눠서 연산시킨 다음 그 결과를 취합하는 순서로 진행된다. 이 같은 그리드 컴퓨팅은 현재 협업 업무에서부터, 컴퓨터를 이용한 정밀 실험, 원격 데이터세트의 검색, 원격 소프트웨어의 사용, 데이터 중심의 컴퓨팅, 대형 시뮬레이션, 무수한 변수가 사용되는 연구 등에 사용할 수 있을 것으로 기대되고 있으며, 이미 많은 프로젝트가 그리드 형태로 진행되고 있다.

리눅스

리눅스(LINUX)는 윈도우(Windows)나 유닉스(UNIX)와 같은 운영체제의 한 종류로, GNU[23] 프로젝트의 소프트웨어 배포 기준인 GPL(General Public License)[24]에 의해서 관리되고 있다. 리눅스는 상용 유닉스가 가진 대부분의 기능을 모두 갖추고 있으면서도 무료로 사용할 수 있는 소프트웨어이다. 리눅스는 세계 곳곳에서 원하는 모든 사람들이 다양한 기술들을 덧붙이면서 발전해 나가는 운영체제이다.

리눅스는 1991년 핀란드 헬싱키 대학에 다녔던 리누스 토르발스(Linus Torvalds)가 공개 버전의 유닉스 개발을 표방하고 프로그램을 공개하면서 시작되었다. 리눅스의 모태는 1987년에 앤드류 타넨바움(Andrew S. Tanenbaum) 교수가 개발한 작은 유닉스라는 뜻인 MINIX이다. 이 MINIX는 교육용으로 만들어져서 독립적으로 사용하기에 적절하지 못했으며 사용자도 적은 편이었다. 리누스 토르발스는 이처럼 보잘것없는 MINIX를 기반으로 PC용 유닉스 버전을 만들었고, 유닉스 표준화 요구사항인 POSIX[25]를 충족시켰다. 토르발스는 지속적으로 리눅스를 개발해서 1994년 3월에 리눅스 버전 1.0을 공표하였다.

리눅스는 유닉스와 유사한 운영체제이지만 누구나 자유롭게 사용할 수 있도록 공개된 운영체제로서, 라이선스나 사용료가 없어 무료인 데다가 유지보수가 용이해서 많은 사용자를 단시일에 확보하였다. 또한 리눅스는 개방형 시스템 프로그램에서 요구하는 POSIX 표준을 준수하기 때문에 다른 운영체

---

23) 1984년 리처드 스톨만에 의해 시작된 프로젝트로서, 오늘날 리눅스 시스템의 핵심적인 요소의 대부분을 구성하고 있다. GNU는 유닉스와 완벽하게 호환되는 소프트웨어 시스템의 이름이며, 원하는 모든 사람이 자유롭게 사용할 수 있도록 만들어진 것이다.

24) 자유 소프트웨어 재단에서 만든 자유 소프트웨어 라이선스이다. 대표적으로 리눅스 커널이 이용하는 사용 허가이다. GPL은 가장 널리 알려진 강한 카피레프트 사용 허가이며, 이 허가를 가진 프로그램을 사용하여 새로운 프로그램을 만들게 되면 파생된 프로그램 역시 같은 카피레프트를 가져야 한다.

25) 서로 다른 유닉스 OS의 공통 API를 정리하여 이식성이 높은 유닉스 응용 프로그램을 개발하기 위한 목적으로 IEEE가 책정한 애플리케이션 인터페이스 규격이다.

제로의 이식성이 뛰어나다.

리눅스는 리눅스만의 독특한 프로그램 개발/관리 체계를 갖고 있다. 리눅스 프로그램 개발에는 수백만의 개발자들이 참여하여 패치 제작과 코드작업을 수행한 후에 충분한 테스트와 디버깅 과정을 거친다. 만일 프로그램에서 버그가 발견되면 그 내용이 공개되어 단시간에 해결책을 찾을 수 있어서 프로그램의 신뢰성이 높다. 리눅스는 유닉스와 완벽하게 호환되며 대부분의 유닉스 기능을 수행할 수 있다.

리눅스는 빠르게 성장하고 있고 오픈소스라는 장점을 살리면 앞으로도 더욱 발전할 것이다. 리눅스는 공개 운영체제이므로 다양한 버전의 리눅스가 있다. 이들의 잦은 업그레이드로 인해서 관리가 완벽히 이루어질 수 없어서 안정성과 신뢰성이 기대보다 부족한 면이 있다. 또한, 장기적으로 네트워크 보안 분야와 사용자 인터페이스는 개선되어야 한다.

리눅스는 공개 운영체제로서 장점과 단점을 모두 가지고 있다. 국제적으로는 리눅스가 점진적으로 개선되어 가고 있으며, 국내에서는 리눅스 한글화와 인터페이스 문제를 해결하고 있다.

ERP

ERP는 'Enterprise Resource Planning'의 약어로서 의미 그대로 해석하면 '기업의 모든 자원에 대해서 계획하고 활용하는 것'을 의미하고, 일반적으로 '전사적 자원관리' 라고 부른다. ERP는 기업 내의 모든 인적, 물적 자원을 정보기술을 활용하여 통합 정보시스템이다. ERP를 사용하면 직원의 능률을 높이고, 자원을 절약할 수 있으며, 현황을 쉽게 파악할 수 있어서 관리를 강화할 수 있다. 그 결과 회사의 매출과 이익을 늘리고 고객을 만족시킨다.

ERP는 1970년대의 [26)]MRP와 1980년대의 [27)]MRPⅡ 정보시스템에서 발전하

여 1990년대부터 활발히 구축되기 시작하였다. 1990년대에 정보통신기술이
발전하면서 하청회사의 공급체계를 기업업무와 연결이 가능해지자, MRPⅡ
에서 한 걸음 더 나아가 생산관리 기능에 재무, 회계, 영업, 인사 등 모든 경
영활동을 지원하는 ERP가 등장하였다.

이후 1990년대 후반부터는 인터넷의 보급, 확산으로 기업 활동의 영역이
외부로 더욱 확장됨에 따라, 내부 업무통합과 아울러 외부 여러 관계를 관리
하는 영역까지 확대한 확장형 ERP인 28)X-ERP(eXtended ERP)가 선보이기 시
작하였다.

ERP시스템의 도입으로 업무측면과 정보시스템 측면에서 효율적인 기업
관리가 가능해졌다. 업무측면에서는 우선 재고 관리능력 향상, 계획생산체제
의 구축, 생산실적관리 등이 함께 병행될 수 있어 편리하며 또한 정보 공유

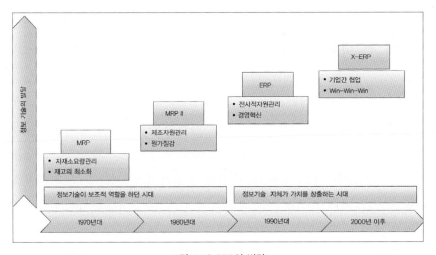

그림 1.16 ERP의 발달

26) MRP(Material Requirement Planning : 자재소요계획) : 제품(특히 조립제품)을 적기에 생산하기 위해 부품(자재)이 투
    입된 시점과 투입되는 양을 관리하기 위한 생산관리 시스템
27) MRPⅡ(Manufacturing Resource Planning Ⅱ : 생산자원계획) : 1980년대 다품종 소량 생산체제로 접어들면서, 생
    산에 필요한 모든 자원을 효율적으로 관리할 필요성이 대두됨에 따라 등장한 시스템
28) X-ERP(eXtended ERP) : 업무통합에만 초점을 맞춘 기존 ERP에 외부 협력사 및 고객과의 관계를 관리하는
    SCM(Supply Chain Management : 공급사슬관리), CRM(Customer Relationship Management : 고객관계관리),
    EC(Electronic Commerce : 전자상거래) 등의 기능이 부분적으로 추가된 시스템

가 가능해지고, 영업에서 자재, 생산, 원가, 회계에 이르는 정보의 흐름이 일원화되었다. 정보시스템 측면에서는 표준화된 시스템을 통해 데이터의 일관성을 유지하고, 개방형 정보시스템을 채택함으로써 시스템상의 자율성과 유연성이 증가하는 것은 물론, 클라이언트/서버 시스템의 구현으로 시스템 성능이 최적화되며, GUI 등 신기술을 이용하여 사용자에게 편리한 정보환경을 제공하게 되었다.

현재 <포춘(Fortune)지> 선정 세계 500대 기업의 대부분이 이미 ERP 시스템을 도입하거나 활용하고 있으며, ERP를 도입한 세계 1,500여 개 기업들은 평균적으로 업무효율을 30% 이상 개선하였다고 한다. 국내에서는 1994년에 삼성전자를 필두로 ERP가 도입되었고, 현재 국내 대부분의 대기업들은 모두 ERP를 운영하고 있다.

자바와 썬 마이크로시스템즈

썬 마이크로시스템즈는 컴퓨터, 소프트웨어, 정보 기술을 개발 및 제공하는 미국의 회사로 1982년에 설립되었다. '네트워크가 곧 컴퓨터'라는 슬로건 아래, 자사의 울트라스팍(UltraSPARC)과 AMD의 옵테론 프로세서를 채용한 서버와 워크스테이션을 판매하고 있으며, [29]솔라리스 운영 체제, NFS와 ZFS 파일 시스템, 자바 플랫폼 등을 비롯한 여러 소프트웨어들을 개발/판매하고 있다.

자바는 1991년 6월 셋톱 프로젝트를 위해 제임스 고슬링(James Gosling)과 다른 연구원들이 개발한 객체 지향적 프로그래밍 언어이며, 썬에서 무료로 제공하고 있다. 이 언어는 개발 당시에는 제임스 고슬링의 사무실 밖에 서있

---

29) 솔라리스는 썬 마이크로 시스템즈에서 개발한 컴퓨터 운영체제로서, 자유 소프트웨어 형태의 CDDL-오픈 솔라리스 프로젝트에 의한 공통 개발 및 배포 라이선스-에 기반한 오픈 솔라리스가 공개 되었으며, 유닉스 인증을 받았다.

던 오크 나무에서 따온 오크(Oak), 혹은 그린(Green)으로 불렸으나 공표단계에서 단어 리스트에서 무작위로 뽑은 '자바'로 최종적으로 정하였다.

제임스 고슬링의 목표는 C/C++ 스타일의 언어와 가상 머신을 구현하는 언어의 개발이었다. 자바의 첫 공개 버전은 1995년의 자바 1.0이었다. '한번 만들면 어디에서나 실행(Write Once, Run Anywhere)'되는 것을 약속하였고 인기 플랫폼에 무료 런타임을 제공하였다. 이 플랫폼은 꽤 안정성을 지녔고 보안 시스템은 여러 설정을 통해 네트워크 및 파일 접근을 통제할 수 있었다. 대부분의 브라우저들은 곧 자바 애플릿을 웹 페이지 안에서 실행할 수 있었기 때문에 자바는 인기가 있었다. 자바 2(JDK 1.2~1.4)는 다양한 플랫폼에서 사용할 수 있는 설정들을 제공하였다. 예를 들어 J2EE는 엔터프라이즈 애플리케이션을 실행할 수 있고, J2ME는 모바일 애플리케이션을 실행할 수 있다. J2SE는 스탠더드 에디션으로 지정되었다. 2006년에 이 세 버전은 각각 Java EE, Java ME, Java SE로 개명되었다.

썬은 1997년 ISO/IEC JTC1 표준화 그룹, 그리고 나중에는 ECMA International 그룹과 접촉하여 정식으로 승인받으려 시도하였지만 승인받지 못했다. 그러나 자바는 사실상(de facto)의 표준이다. 자바는 자바 커뮤니티 프로세스(Java Community Process)를 통해 관리된다. 썬은 자바의 대부분을 무료로 배포하였으나 공개가 아닌 사유 소프트웨어였다. 썬은 자바 엔터프라이즈 시스템 같은 특정 라이선스를 팔아서 수입을 올렸다. 2006년 11월 13일 썬은 대부분은 자바를 GPL 라이선스로 소스를 오픈하였으며 2007년 5월 8일 이 과정을 마쳤다. 썬이 권리를 보유하지 않은 대부분의 코어는 공개되었다.

자바의 개발자들은 유닉스 기반의 배경을 가지고 있었기 때문에 문법적인 특성은 C++의 조상인 C 언어와 비슷하다. 자바를 다른 컴파일언어와 구분 짓는 가장 큰 특징은 컴파일 된 코드가 플랫폼 독립적이라는 점이다. 자바 컴파일러는 자바 언어로 작성된 프로그램을 바이트코드라는 특수한 이진수

형태로 변환한다. 바이트코드를 실행하기 위해서는 JVM이 필요한데, 이 가상 머신은 자바 바이트코드를 플랫폼에 관계없이 동일하게 실행시킨다. 자바로 개발된 프로그램은 CPU나 운영체제의 종류에 관계없이 JVM을 설치하기만 하면 사용할 수 있다. 이 점이 많은 사용자가 자바를 사랑하게 만들었다.

메모리의 발전과 삼성전자

고도 정보화 사회의 진입과 첨단 산업 발전을 위한 핵심이 되고 있는 반도체산업, 일명 '산업의 쌀'이라 불리고 있는 반도체 산업에서 삼성은 시장을 선점한 일본 업체를 제치고 당당히 메모리 분야 세계 1위에 등극했다.

1983년 메모리 사업에 진출한 삼성전자는 이듬해 세계에서 세 번째로 64K DRAM[30]을 개발하여 세계를 놀라게 하더니, 1985년 256K DRAM, 1986년 1M, 1988년 4M, 1989년 16M, 1992년 64M, 1994년 256M DRAM 개발에 성공, DRAM만으로는 당당히 세계 1위를 차지하였다. 삼성전자와 세계최초업체의 개발 시점의 차이를 살펴보면 64K DRAM은 4년이었지만, 256K DRAM은 3년, 1M는 2년, 4M는 6개월로 점차 줄어들다가 16M DRAM에서 선진업체와 동시에 개발하였으며, 64M와 256M는 세계 최초로 개발하였다. 삼성전자는 메모리 사업을 시작한지 불과 10년 만에 선진국을 따라잡는 기적을 이룩하였다.

삼성전자가 이처럼 성장한 배경에는 초기 삼성그룹의 사운을 걸어야 할 정도로 엄청난 모험의 감행이 있었다. 삼성전자는 64K DRAM을 개발하여 미국이나 일본에 비해 10년 이상 뒤떨어졌던 메모리 기술 수준을 2~3년으로 좁힐 수 있게 되었다. 삼성전자는 반도체 생산기지로 경기도 기흥을 선정하

---

30) Dynamic Random Access Memory의 약자. 현재 대부분의 컴퓨터 주기억장치는 이 소자로 되어있다.

고 공사에 착수, 18개월 이상 소요되는 공사를 하루 24시간 내내 진행하며 강행하여 착공 6개월 만인 1984년 3월에 완공하고, 메모리 사업이 정상에 오를 수 있다는 희망과 믿음만으로 끝없이 투자하면서 고전한다.

이와 병행해 미국 현지 법인을 설립하고 반도체 전문 재미 한국인을 영입하며 인재를 모으는 한편, 조 단위의 천문학적 비용이 투자되는 설비시설 비용을 확보하기 위해 국내 기업으로서는 처음으로 런던 금융 시장에서 3천만 달러의 유로 본드를 발행하고 뒤이어 1984년 삼성반도체 통신을 기업 공개하여 납입 자본금을 3백 60억 원에서 6백억 원으로 증액하는 등 투자 재원을 마련하였다.

무어의 법칙과 황의 법칙

무어의 법칙	반도체 집적회로의 성능이 24개월마다 2배로 증가한다는 법칙이다. 인텔의 공동설립자인 고든 무어(Gordon Moore)는 1965년 4월에 Electronics Magazine에 발표한 기사에서 마이크로칩에 저장할 수 있는 데이터 용량이 18개월마다 2배씩 증가하며 PC가 이를 주도한다는 이론을 제시하였다. 실제로 인텔은 거의 24개월마다 2배로 반도체의 용량을 향상시켰다. 1970년경에 캘리포니아공과대학(Caltech)의 미드 교수가 메모리의 용량이 24개월마다 2배로 증가한다는 현상을 무어의 법칙이라고 명명하면서 이 법칙이 널리 알려졌다.
황의 법칙	한국의 삼성전자의 기술총괄 사장이었던 황창규가 제시한 이론이다. 2002년 2월 미국 샌프란시스코에서 열렸던 ISSCC(국제반도체회로 학술회의)에서 그는 '메모리 신성장론'을 발표하였는데, 무어의 법칙과 달리 메모리반도체의 집적도가 1년에 두 배씩 늘어난다는 이론이다. 실제 삼성전자는 1999년에 256M 낸드플래시메모리를 개발하였고, 2000년 512M, 2001년 1Gb, 2002년 2Gb, 2003년 4Gb, 2004년 8Gb, 2005년 16Gb, 2006년 32Gb, 2007년 64Gb 제품을 개발하여 자신의 이론을 실제로 증명하였다.

7 2000년대

2000년대 IT산업의 가장 큰 특징은 인터넷과의 결합이다. 인터넷이 확산되고 네트워크 성능이 향상되면서 멀티미디어와 같은 대용량 데이터를 이용한 다양한 서비스가 가능해졌다. 그로 인해 웹을 이용한 서비스 산업과 게임 산업이 발전하게 되었으며, 유용한 회선을 최대한 효율적으로 이용하기 위해 데이터를 부호화하는 압축 기술이 발전하게 되었다. 또한 인터넷 사이트에서 개인의 신상을 보관하며 인터넷 으로 금전거래가 보편화되자 외부인으로부터 공격을 막아주는 보안기술이 발전하였다. 이외에도 복잡한 소프트웨어가 탑재된 스마트 상품에 보편화되어서 휴대폰, 셋톱박스, PMP(Portable Media Player), MP3 플레이어와 같은 새로운 형태의 전자제품이 인기를 끌기 시작했다. 이러한 제품에는 간편한 OS를 탑재해야 하기 때문에 이를 위한 임베디드 시스템 기술이 발전하였다.

우리는 다양한 IT 기술이 접목된 세상에서 살고 있다. 가전제품으로부터 각종 기반시설과 산업시설에 이르기까지 IT 기술이 적용된다. 이러한 접목을 컨버전스(convergence)라고 부른다. 또한 일반 컴퓨터끼리의 네트워킹 기술은 범위를 넓혀서 다양한 단말기 혹은 소자 사이에서도 통신하는 유비쿼터스(ubiquitous) 시대를 맞고 있다. 이제 2000년대 IT 산업의 핵심 기술에 대해 살펴보도록 하자.

월드와이드웹

1989년 유럽입자물리연구소(CERN)의 팀 버너스리(Tim Berners-Lee)가 발명한 월드와이드웹(WWW, World Wide Web) 기술은 1994년에 웹 기술을 표준화하는 표준단체인 W3C가 만들어지면서 빠르게 발전하고 있다. 웹 기술이 등장하자 수많은 네트워크 기반의 응용이 등장하였다. 이후 웹 기술은 마크업(markup)을 확장시킬 수 있는 XML을 핵심으로 다중매체(multimedia), 다중모달(multimodal), 다중플랫폼(multiplatform), 다중장치(multidevice)를 지원하기 위해 다양한 기술과 표준을 개발하여 왔다. 2000년 이전의 웹이 HTML, URL, HTTP라는 세 가지 기술에 기반을 둔, 인간 중심의 정보 처리와 지식을 공유하는 단계였다. 2000년 이후에는 XML이 등장하여 XML을 기반으로 다양한 클라이언트 환경이나 유비쿼터스 환경에서 사용하는 입체적인 정보 처리의 시대를 열었다.

2000년대 웹 기술에 있어서 가장 주목할 만한 기술은 웹 2.0이다. 웹 2.0은 참여, 공유, 개방을 원칙으로 한다. 웹 2.0에서는 인터넷 사용자를 수동적인 불특정 다수가 아닌 능동적인 표현자로 인정하고 양방향성의 기술과 서비스를 개발한다.

웹 2.0의 핵심 기술로는 Ajax(Asynchronous JavaScript and XML), Blogging, Open API(Application Program Interface), Tagging, RSS(Really Simple Syndication) 등이 있다. 그러나 이것들은 앞서 말한 참여, 공유, 개방의 철학을 실천하고 있다. 예를 들어 인터넷 백과사전 위키피디아(www.wikipedia.org)를 보면 독자들이 백과사전의 항목을 생성하고 의미를 부여할 수 있다. 또한 증거가 없어 예측이나 유추가 불가피한 역사적 사실이나 사상에 대해서는 하나의 항목에 대해 여러 가지 가설을 두고 서로 주장하며 토론하기도 한다. 사용자가 참여/공유/개방하려면 플랫폼으로서의 웹이 필요하다. 플랫폼으로서의 웹은 지금

그림 1.17 네이버의 Ajax 적용 예

까지 윈도를 부팅시킨 후 할 수 있었던 마이크로소프트 워드나 엑셀 작업 등을 별도의 소프트웨어 구입 없이 인터넷을 통해서도 할 수 있다는 것을 의미한다. 예를 들어 미국의 업스타틀(Upstartle)이라는 회사가 운영하는 인터넷 사이트(www.writely.com)는 인터넷 상에서 워드 문서를 작성할 수 있는 서비스를 제공하고 있다.

핵심 기술을 간단히 설명하자. 먼저 Ajax는 새로운 개념의 웹 개발기법이다. Ajax를 이용하면 대화형 웹 서비스가 가능하다. 예를 들어 네이버에서 사용자가 검색어를 입력하면 요구를 만족하는 사이트의 리스트를 보여주듯이 사용자의 입력에 따라 차별화된 서비스를 제공하는 구조의 프로그램을 만들 수 있게 도와주는 개발 패턴이다.

다음으로 RSS는 블로그, 뉴스, 기업정보, 사이트 공지사항, 취업정보, 쇼핑 정보 등과 같이 콘텐츠가 빈번하게 변화하는 사이트에서 사용자가 사이트의 갱신 정보를 쉽게 제공받을 수 있기 위해 만들어진 규약이다. RSS를 사용하면 내가 원하는 새로운 글이 올라와 있는지를 사이트를 방문하지 않고도 알 수 있다. 마지막으로 Open API(Application Program Interface)는 외부에 공개한

API이다. 공개 API는 일반적으로 웹 서비스 형태로 공개하는데 SOAP과 같은 복잡한 프로토콜 대신 XML-RPC, REST 등의 경량 프로토콜을 사용한다. 또한 API 공개를 통해 개방과 참여를 유도할 수 있다. Open API의 이러한 특징을 사용하면 다양한 매쉬업(Mash-up) 서비스를 만들 수 있다.

매쉬업

매쉬업이란 원래는 두 가지의 음악을 조합하여 하나의 곡을 만들어 낸다는 의미로 음악 분야에서 주로 사용되는 단어이다. 기술 분야에서는 여러 개의 정보원에서 제공되는 콘텐츠를 조합하여 새로운 콘텐츠를 만들거나, 복수의 어플리케이션들을 연계하여 새로운 어플리케이션 또는 사이트 등을 만들어 내는 것을 의미한다. 예를 들어, 구글의 지도서비스와 플리커의 사진공유서비스를 합치고, 여기에 위치정보 등을 결합시키는 시도 등과 같이 기존 서비스를 융합시킨 하이브리드 형태의 새로운 서비스를 말한다.

현재 웹 2.0은 인터넷 분야를 넘어 전 산업 분야에 적용되고 있다. 경제적 측면에서 보면 롱테일(long-tail) 문화를 조명함으로써 거대시장에서 간과되었던 틈새시장의 제품이나 서비스의 중요성을 부각시켜 중소경제활동 공간을 확장시켰다. 문화 및 여론에 대한 측면에서도, 다양한 소수 의견의 집합이 우수한 개인의 지적 능력을 넘어선다는 '집단 지성'의 개념을 출현시켰다. 또한 미디어와 지식의 창출, 그리고 유통과정에서 UCC와 같이 개인이 생산주체로 등장하면서 지식의 공급자와 소비자의 경계도 허물어 지고 있다.

웹 기술은 단순한 브라우징만을 위한 기술이 아니라, 하나의 가상의 플랫폼으로 다양한 응용과 서비스를 엮어주는 기반이 되어가고 있으며, 앞으로 더욱 플랫폼 지향적으로 진화할 것이다. 웹 플랫폼은 궁극적으로는 세상의 모든 사물과 응용들을 묶게 될 것이며 따라서 우리는 지금보다 훨씬 편하고 다양한 서비스를 받을 수 있을 것이다.

멀티미디어와 압축 기술

'멀티미디어'는 여러 가지 미디어의 사용이라는 의미로 '여러(multi)'와 '미디어(media)'의 합성어이다. 멀티미디어는 매스미디어(mass-media)와 쉽게 혼동된다. 매스미디어는 신문, 방송, 잡지 등과 같이 매체 자체를 의미하지만 '멀티미디어'는 '정보를 표현하는 방법'을 내포하고 있다. 멀티미디어에는 텍스트, 이미지, 사운드, 비디오와 같은 디지털 미디어가 사용된다. 이러한 미디어들은 일방적으로 제공되는 매스미디어와는 달리 사용자가 요구하는 경우에 한하여 제공된다.

상기한 설명을 바탕으로 멀티미디어를 자세하게 정의해보자. 멀티미디어란 텍스트, 이미지, 사운드, 애니메이션, 동영상 등의 미디어를 디지털 방식으로 변환하여 사용자에게 대화 형태로 제공하는 형태를 말한다.

멀티미디어는 많은 분야에서 사용된다. 각종 영상자료를 가정에서 전송받아 TV나 모니터로 볼 수 있는 영상 서비스인 주문형 비디오(VOD), 서로 다른 곳에 떨어져 있는 사람들이 TV를 통해 상대방을 보며 회의를 할 수 있는 원격회의, 컴퓨터그래픽과 시뮬레이션 기술을 이용하는 현실세계와 같은 가상의 세계를 체험할 수 있으며 게임, 과학, 실험 등 다양한 분야에 활용되는 가상현실 등에서 자주 쓰인다.

멀티미디어를 활용 분야에 적용하기 위한 핵심 기술은 크게 하드웨어에 관련 기술, 소프트웨어 관련 기술, 네트워크 관련 기술로 나눌 수 있다. 첫째로 하드웨어 관련 기술은 멀티미디어 데이터를 받아 화면에 보여주고 소리를 재생할 수 있는 디스플레이어 기술, 음향기기 기술이 요구되고, 많은 동영상을 저장하고 사용자의 요청에 따라 일대다 서비스가 가능한 비디오서버가 필요하다. 둘째로 소프트웨어 기술은 멀티미디어 관련 장비를 운영하는 운영체제 분야와 그래픽 관련 기술을 포함한다. 마지막으로 네트워크 기술은 문자와 음성, 영상 등의 다양한 대용량 데이터를 전송하고 멀티미디어 서비스를 제공하기 위한 양방향 통신 기술을 포함한다.

멀티미디어는 각종 이미지, 동영상, 사운드 등을 포함한다. 이러한 매체들은 디지털로 전환하면 큰 용량을 차지하기 때문에 압축하여 볼륨을 줄인 후에 저장하거나 전송한다. 압축을 할 때는 정보의 일부를 잃는 손실압축과 정보를 모두 보전하는 무손실압축으로 나뉜다. 무손실압축은 텍스트 기반의 파일, 가령 hwp, doc, ppt 등의 파일을 압축할 때 쓰이며, 손실압축은 사진, 영화, 음악 파일등을 압축할 때 사용된다. 손실압축은 원래의 신호 수준을 약간만 떨어뜨리면서 사용메모리를 크게 줄일 수 있는 부분에 적용된다.

무손실압축 분야에서 가장 자주 사용하는 방식이 MPEG이다.

MPEG-2는 동영상 압축 방식이다. MPEG-2는 압축 시에 데이터의 손실이 비교적 적다. MPEG-2는 디지털 위성 방송, 디지털 유선 방송, 고화질 TV 방송, DVD 비디오 등에 쓰인다. MPEG-4의 경우는 MPEG-2에 비해 압축할 때에 정보의 손실이 많지만, 적은 용량으로 압축할 수 있어서 멀티미디어 통신, 화상회의시스템, 영화, 교육, 원격감시와 같은 실시간 동영상 전송에서 사용한다.

유비쿼터스와 센서네트워크

유비쿼터스는 1988년 제록스사에 근무하던 마크 와이저(Mark Weiser)가 '유비쿼터스 컴퓨팅'이라고 표현한 이후에 보편적으로 사용된다. 유비쿼터스의 어원은 물이나 공기처럼 시공을 초월해 '도처에 널려 있다', '언제 어디서나 동시에 존재한다'라는 의미의 라틴어로서, 사용자가 컴퓨터나 네트워크를 의식하지 않고 언제, 어디서나, 누구라도 장소에 상관없이 자유롭게 네트워크에 접속할 수 있는 환경을 뜻한다. 다시 말해 컴퓨터 관련 기술이 생활 구석구석에 스며들어 있음을 뜻하는 '퍼베이시브 컴퓨팅(pervasive computing)'과 유사한 개념이다. 통신 위주이면 유비쿼터스이며, 컴퓨팅 위주이면 퍼베이시브 컴퓨팅이다.

유비쿼터스 컴퓨팅은 다음과 같은 4가지 조건이 만족되어야 한다. 첫째, 모든 컴퓨터와 사물 및 인간이 서로 네트워크를 통해 어떤 경우에도 연결되어야 한다. 어떤 경우란 5 Any, 즉 Anytime, Anywhere, Any network, Any device, Any service를 의미한다. 즉 언제나, 어디에서나, 어떤 네트워크로도, 어떤 장치를 통해서도, 어떠한 서비스를 받을 수 있게 연결되어 있어야 한다. 둘째, 보이지 않아야 한다(invisible). 비록 수많은 컴퓨터와 장치가 사용자 주변에 있지만 사용자가 의식할 수 없어야 한다. 즉, 드러나지 않고 일상생활에 자연스럽게 묻혀있어야 한다. 셋째, 조용한 서비스여야 한다(calm service). 조용한 서비스란 앞의 두 조건을 만족한 상태에서 진일보한 개념이다. 즉, 평소에는 보이지 않지만 필요할 때는 사용자의 요구에 의해 즉각적으로 사용할 수 있는 사용자 중심의 환경이어야 한다는 뜻이다. 넷째, 실제적이다(real). 실제적이란 의미는 현실 세계에 바탕을 둔 서비스여야 하며 사물과 환경 속으로 스며들어 일상생활과 통합되어야 함을 강조하고 있다. 이는 가상현실과는 반대의 개념이다.

유비쿼터스 서비스는 유통물류, 산업건설, 도로교통 등 각 분야에서 농축산업, 정보가전이나 의료보건, 건강복지 등 실생활과 밀접한 분야에서 많은 서비스들이 제공되고 있다. 특히 농업과 축산업 분야에서는 최근 최대의 관심사로 떠오르고 있는 환경친화사업을 위해 이산화탄소나 산소, 빛 등의 정보를 웹 사이트에 전송하여 다양한 환경의 상태와 연관관계를 학습함으로써 환경정보를 획득할 수 있는 에코센서 네트워크(Eco-sensor network)가 구축되었다.

미래 유비쿼터스 생활을 떠올리면 가장 먼저 그려지는 것이 바로 홈 네트워크이다. 또한 화재감시나 도난경보에 대해 자동적으로 접근을 제어하거나 긴급상황을 실시간으로 소방서나 경찰서에 알릴 수 있는 홈 네트워크 서비스도 현재 일부 대형 아파트 단지들을 중심으로 서비스되고 있다. 그밖에도, 환자의 몸에 착용된 생체신호 감지센서를 통해 환자의 상태를 체크하고 이상이 있을 경우 근처 보건소나 의사에게 위험신호를 보낼 수 있는 의료보건 시스템과, 우리나라에서도 시행되고 있는 성범죄자를 감시하는 전자팔찌 등의 형태로 복지 서비스들이 시행되고 있다. 빌딩 곳곳에 설치된 센서노드들이 실시간으로 연기나 화재 발생위치, 공기의 환풍 상태, 빛의 세기, 온도 등을 측정하여 빌딩의 환경을 제어하는 빌딩환경제어 자동화시스템도 유비쿼티스 네트워크의 유망한 적용분야이다.

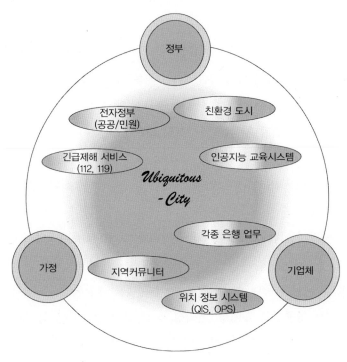

출처 : IBM-한국 : 유비쿼터스 솔루션

그림 1.18 유비쿼터스 환경

유비쿼터스의 핵심기술의 하나로서 유비쿼터스 센서네트워크(USN, Ubiquitous Sensor Network)가 있다. 유비쿼터스 센서네트워크란 주변 환경이나 물리계에서 감지된 정보를 인간생활에 활용되도록 센서노드들 간에 형성되는 유무선 통신기술 기반의 네트워크를 말한다. 즉, 센서를 필요한 모든 곳에 부착하고 이 정보를 무선인터넷을 통하여 주고받아 상황을 판단하여 적절한 조치를 할 수 있게 하는 미래 기술이다. 기본적으로 센서네트워크는 ad hoc 네트워크의 일종으로 센서노드와 게이트웨이 또는 베이스스테이션으로 구성된 무선네트워크이다. 센서노드는 감지, 처리, 무선통신을 담당하며, 베이스스테이션은 기지국 역할을 한다. 예를 들어, 센서노드가 어떠한 정보를 감지하면 이 정보를 베이스스테이션으로 전달하고 베이스스테이션에서는 인터넷과 같은 망을 통해 사용자에게 정보를 제공한다. 사용자는 사람이 될 수도 있지만 센서네트워크 애플리케이션이 탑재된 장치가 될 수도 있다.

센서노드들은 단순 감지 뿐 아니라, 다른 센서들과 협력하여 하나의 추상화된 고급 문맥정보를 생성할 수도 있다. 예를 들어, 여러 개의 무인정찰 센서들이 네트워크를 통해 다른 센서들과 정보를 교환하여 표적의 진행방향과 속도를 알아낼 수 있기 때문에 따라가지 않고도 표적이 어디로 이동하는지를 추적할 수 있다.

유비쿼터스 네트워크가 이루어지면 사무실, 집은 물론 산간오지에서도 정보기술을 활용할 수 있기 때문에 도농의 격차가 줄어들며 인적 물적 이동이 줄어듦에 따라서 이산화탄소의 발생도 억제할 수 있다. 유비쿼터스 네트워크를 이루기 위해서 기술자들은 정보기술의 개발 기기의 가격인하, 컨버전스 기술개발 및 저렴한 광대역통신 구축 여러 문제를 해결해야 한다. 이러한 제약사항들에도 불구하고 휴대성, 편의성, 시간 및 공간의 해방 등 유비쿼터스 네트워크가 가진 많은 장점들 때문에 우리는 곧 멋진 유비쿼터스 세상을 만날 수 있을 것이다.

생체인식 기술

미국의 바이오메트릭 컨소시엄(Biometric Consortium)에서는 생체인식(biometrics)을 '자동화된 특정 개인의 소추된 특성을 인증하거나 신분을 인식하기 위해, 측정 가능한 특성 또는 개인의 특징을 연구하는 학문'으로 정의하고 있다. 이러한 생체인식 기술은 지문, 홍채, 음성, 얼굴, 손의 형태, 손등의 정맥분포 등 매우 다양한 정보를 이용한다. 이들은 신체의 일부분이거나 개인의 행동특성을 반영하고 있다. 따라서 잃어버리거나 도난을 당해도 복제되거나 악용되기 어렵다는 장점이 있다. 그래서 생체정보는 안전한 정보보안을 위한 핵심 분야로 대두되고 있다.

생체인식 기술을 간략히 설명하면 다음과 같다. 생체인식을 이용한 인증 시스템은 신체적 혹은 행동 특성의 어떤 형태를 측정함으로써 사람의 신원을 자동적으로 인증한다. 이러한 과정은 먼저 인증 받고자 하는 개인이 인증 시스템에 서명, 지문, 음성 혹은 다른 생체정보를 등록하는 절차를 거쳐 원본 데이터를 생성한다. 이렇게 생성된 데이터는 시스템 방식에 따라 중앙 데이터베이스에 저장되거나 개인의 스마트카드에 저장된다. 이후 개인이 시스템에 접근하는 권리를 얻고자 할 때는 간단하게 자신의 PIN(Personal Identification Number) 또는 카드와 함께 개인의 생체 정보를 주면, 인증시스템이 입력된 생체 정보와 저장된 원본 데이터를 비교하는 작업을 거쳐 인증여부를 결정한다.

대표적인 생체인식 기술인 지문 비교 기술은, 1684년 영국의 네에미아 크류가 처음으로 손가락에 있는 특이한 형태의 모양이 사람마다 서로 다르다는 것을 발견하면서 시작되었다. 사람의 지문은 손가락 끝마디의 바닥면에 있는 유선이 만드는 무늬인 피부융선으로, 땀샘의 출구 부분이 주위보다 융기하고 이것이 반복되어 밭고랑 모양으로 되어 있는 것을 말한다. 지문은 평생 불변하며 사람마다 고유한 모양을 띄고 있기 때문에 개인식별에 이용되고 있다. 지문은 영상 획득 장치의 평면에 손가락을 눌러 찍은 후 이 평면에 남겨지는 무늬를 채취하여 획득한다. 이렇게 획득한 무늬를 그대로 저장하는 것이 아니라 특징점들의 위치와 관계를 코드로 바꾸어 저장하게 된다. 이것은 원본영상을 이용하여 등록자들의 지문을 다른 곳에 남용할 수 없게 하기 위함이다. 또한 지문인식장치는 지문을 입력받을 때 손가락이 살아있는 사람의 것인지도 검사한다. 이것은 불법 사용자가 절단된 손가락을 이용하여 정당한 사용자를 가장하는 것을 막기 위한 것이다.

다음으로는 사람의 눈을 이용한 개인인증으로 홍채인식이 있다. 홍채인식의 경우 자연스러운 상태에서 영상을 획득하기 때문에 편리하며, 쌍둥이들조차 서로 다른 홍채패턴을 가지고 있어 DNA 분석보다도 정확하다. 서로 다른 홍채들 중 두 개의 홍채코드가 정확히 같은 확률은 $\frac{1}{2^{173}}$이다. 또한 외상이나 희귀병을 제외하고는 일생동안 변하지 않으며, 안경을 착용하더라도 인식이 가능하여 활용범위가 높다.

셋째, 사람의 얼굴을 이용한 인증방법을 들 수 있다. 얼굴인식은 먼저 입력영상으로부터 얼굴영역을 추출하는 것으로 시작된다. 이러한 얼굴영역 추출은 얼굴인식 분야에서 가장 중요하고 어려운 문제 중의 하나로서, 여러 가지 기법이 연구되고 있다. 얼굴정보를 추출하는 방법 중 하나로 얼굴의 열상을 이용하는 방식이 있는데 이는 얼굴혈관에서 발생하는 열을 적외선카메라로 촬영하여 디지털 정보로 변환한 후 저장하는 것으로 얼굴에 외과적인 손상이 발생하더라도 변하지 않는 것이 장점이다. 미국의 미로스(Miros)는 안면 열분포 분석 기법을 이용한 'TrueFace'를 출입 관리용 등으로 개발하여 판매하고 있으며, 현금자동지급기 등에도 활용되고 있다. 하지만 이러한 얼굴인식 기법은 사용자의 기분과 상황에 따라 표정이 변하게 되는 특성을 고려해야 하며 주위 조명에 많은 영향을 받게 되는 단점이 있다.

넷째는 서명을 이용한 인증방법이다. 서명을 이용한 인증은 일반적으로 어떠한 의미의 인식보다는 본인 여부의 검증에 많이 쓰인다. 일반적으로 서명 인식은 서명의 모양보다는 서명하는 동안 전자펜 끝의 속력, 압력속도, 가속도 등의 변화를 분석하여 본인 여부를 판단한다. 문서감정의 종류에는 2개 이상의 문서에 기재된 필적을 상호 비교하여 동일인의 필적 여부를 식별하는 필적감정(writer verification), 한 개 또는 그 이상의 문서에 날인된 인영들을 서로 비교하여 그것들이 동일한 인영에 의하여 날인 되었는지 여부를 밝히는 인영감정, 필기구 감정, 작성년도 감정, 기재 후 날인 또는 날인 후 기재 감정, 잠재된 필흔 감정, 문사감정 등이 있다. 그 중 필적감정은 개인의 고유한 필적 개성을 이용하여 임의의 두 필기 문장 또는 텍스트가 동일인에 의해 작성되었는지를 판별하는 기술로 유서대필 및 보안수사, 서명의 검증이나 범죄 수사 등에 활용되고 있다. 현재 이러한 감정 작업은 국가에서 인정한 감정기관인 국립과학수사연구소 문서감정실과 대검찰청 과학수사과 문서감정실에서 담당하고 있다. 서명이 갖추고 있는 장점은 기존의 오프라인 인증, 특히 신용카드 등을 사용할 때 수시로 사용하던 방식이므로 사용자에게 전혀 낯설지 않다는 것이다. 즉, 사용자에게 전혀 새롭지 않은 기술이기 때문에 거부감이 가장 낮은 생체인식 기술로 꼽힌다. 또한 서명검증의 경우 입력장치의 가격이 저렴하며 저장해야할 데이터 크기도 매우 작아서 수백 바이트 이내로 압축 가능하다. 따라서 서명인식은 전자결재, 카드 및 온라인 쇼핑, 작업자관리, 출입자 관리 등에 응용될 수 있다.

미래사회에서는 침대나 옷에 내장된 건강 센서가 혈압, 맥박, 체온 등을 측정할 수 있으며, 홈 네트워크 서버를 통해 집안의 가전제품들을 언제 어디서나 조작할 수 있게 될 것이다. 하지만 건강 센서가 주인의 건강정보를 획득하기 전에 측정 대상이 주인인지 아닌지 구분할 수 있어야 할 것이다. 또

가전제품이나 차량도 외부로부터 입력된 명령을 수행하기 전에 명령을 내릴 권한이 있는 사람이 보낸 것인지를 먼저 확인해야 할 것이다. 따라서 생체인식 기술은 지금보다 수요가 더 늘어날 것이고 더 중요해질 것이다.

임베디드 시스템

임베디드 시스템이란 특정한 기능을 수행하기 위해 하드웨어에 소프트웨어를 탑재시키거나 하드웨어만으로 해당 기능을 수행하는 시스템이다. 임베디드 시스템은 2000년대 전부터 자동화 공정, 인공위성, 군사장비 등 많은 분야에서 쓰여 왔다. 하지만 2000년대 들어서 유비쿼터스의 개념이 자리 잡기 시작하면서 개인용 서비스에 쓰이는 임베디드 시스템이 폭발적으로 늘기 시작하며 사람들의 주목을 받는 분야가 되었다. 예를 들어 자동차, 핸드폰, 전기밥솥, 냉장고, 세탁기, 엘리베이터, 디지털 카메라, 내비게이터 등 수많은 제품에 포함되어 쓰이고 있다.

임베디드 시스템은 범용시스템과는 달리 선택된 몇 가지 기능만 잘 수행하도록 설계되어 있으며 대부분 속도를 중요하게 여기지 않는다. 그래서 임베디드 시스템의 많은 부품들은 성능이 낮은 것들이며, 단가를 낮추기 위해 의도적으로 단순화된 구조를 갖고 있다. 대부분의 경우 다른 장치의 일부분으로 들어가기 때문에 좋은 성능보다는 작고, 가볍고, 전력 소모가 적으며 값이 싸게 만드는 데 초점을 맞추고 있다.

임베디드 시스템은 특정 기능을 얼마나 효율적으로 수행하는가도 중요하지만, 안정성 또한 매우 중요하다. 그렇기 때문에 임베디드 시스템은 오랜 기간 동안 오류 없이 안정적으로 돌아가도록 설계해야 하며 신중한 개발과 충분한 테스트를 거쳐야 한다. 또한 시스템의 안정성을 위해 디스크 드라이브나 스위치, 버튼 등 기계적인 동작으로 손상을 입을 수 있는 부품보다는 플래시 메모리 같은 물리적 손상에서 비교적 자유로운 칩과 부품을 선호한다.

임베디드 시스템에 탑재되는 프로세서는 ARM(Advanced RISC Machine) 칩이 대세를 이루고 있다. 임베디드 기기의 90% 이상이 ARM 칩을 사용하고 있고, 현재 휴대폰은 거의 ARM 칩을 사용한다고 생각해도 무방하다. 그렇다면 왜 ARM 칩이 임베디드 시스템에 많이 쓰이는 것인지 살펴 볼 필요가 있다. 일단 ARM 칩은 전력소모가 매우 적다. 그리고 가격 대비 성능이 우수하고, 개발이 매우 쉽다. ARM은 칩 자체를 판매하는 것이 아니라, 설계도와 라이선스를 판매하여 응용 개발업체가 필요한 부가기능을 추가하여 용도에 맞는 제품을 개발할 수 있게 하고 있다. 삼성전자도 ARM 칩을 활발히 생산하고 있는 회사 중의 하나이다.

현재 임베디드 시스템은 매우 많이 쓰이고 있으며 앞으로 유비쿼터스 시대의 도래에 맞춰 매우 더 많은 수요가 생길 것으로 예상된다. 수많은 단말 노드들은 대부분이 임베디드 시스템이 될 것이고, 범용시스템은 중간 중간 하나씩 있을 것이다. 이에 따라 임베디드 시스템에 내장되는 운영체제나 펌웨어, 임베디드 시스템을 이루는 하드웨어, 특히 모든 노드들이 연결이 될 수 있도록 하는 네트워크 및 보안 분야가 각광을 받을 것으로 예상이 된다.

게임과 컴퓨터그래픽

컴퓨터게임의 발전은 하드웨어 및 소프트웨어 발전과 밀접한 관련이 있다. 최초 컴퓨터게임은 1961년 매사추세츠 공과대학(MIT) 학생인 마틴 그레츠(Martin Graetz)와 앨런 코톡(Alan Kotok), 스티브 러셀(Steve Russell)이 함께 만든 'Spacewar!'라는 게임이다. 이 후 1973년 미국 아타리사가 출시한 탁구 게임 'Pong'이 상업적으로 크게 성공을 하며 게임 산업이 각광을 받게 되었다.

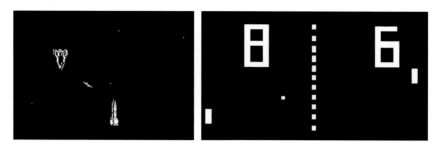

그림 1.19 최초의 컴퓨터게임 'Spacewar!'(좌)와 탁구 게임 'Pong'(우)

1990년 전후, 컬러모니터의 보급으로 주로 흑백으로 제작되었던 컴퓨터게임들이 컬러로 제작되기 시작했으나, 최초 컬러게임들이 사용할 수 있는 색은 많지 않았다. 하지만 그래픽 카드와 모니터의 발달로 보다 다양한 색상(true color) 표현이 가능하게 되어 뛰어난 그래픽 요소를 갖춘 게임들이 등장하기 시작했다.

1990년 초중반, 가정용 모뎀의 보급으로 PC 통신이 크게 인기를 끌며, PC 통신을 이용한 온라인 게임이 나오기 시작하였다. 당시 가정용 모뎀은 전송할 수 있는 데이터의 크기가 매우 제한적이었기 때문에 그래픽 없이 텍스트로만 이뤄진 게임으로 시작하였으나, 이 후 가정용 모뎀의 발달로 저화질의 그래픽 온라인 게임까지 등장한다.

컴퓨터그래픽은 영상에 대한 정보를 연산을 거쳐 화면에 보여주거나 새로운 영상을 만드는 기술이다. 과거에도 3차원 컴퓨터그래픽에 대한 응용이 있어왔으며, 대표적인 예가 영화 분야이다. 1995년 월트디즈니프로덕션과 픽사 애니메이션스튜디오가 공동으로 만든 '토이 스토리'가 가장 대표적이다. 영화는 미리 만들어진 영상을 상영하는 것이므로 상영할 때 실시간 연산을 할 필요가 없다. 하지만 게임은 진행 중에 실시간으로 영상을 생성해야하므로 매우 많은 실수연산을 빠르게 수행해야 한다. 정수연산과 논리연산에 적합하도록 설계되어 있는 CPU는 이런 처리에 적합하지 못하기 때문에 3차원 그래픽 기반의 게임을 잘 지원하지 못했다. 2000년대 이후 GPU가 발전하고 널리 쓰이면서 이런 문제가 비로소 해결이 되었다. GPU는 그래픽 처리에 필요한 연산을 잘하도록 만들어진 프로세서이다. 이처럼 컴퓨터그래픽 소프트웨어 및 하드웨어 기술의 발달은 고화질의 그래픽을 갖춘 게임을 가능하게 하였다. 하지만, 단지 컴퓨터그래픽 기술의 발달만으로 가능한 일은 아니었다. 반도체 및 보조기억장치의 대용량화라는 하드웨어의 발전이 있었기 때문에 용량이 매우 큰 고화질 게임이 등장 할 수 있었다.

2000년대의 컴퓨터게임에서 온라인 요소를 빼놓을 수 없다. 초고속 통신망의 보급과 인터넷의 대중적 보급에 큰 영향을 받아 다중접속을 이용한 게임이 많이 출시되었으며, 대표적으로 성공을 한 게임 장르에는 대규모 다중 사용자 온라인 롤플레잉 게임(MMORPG, Massive Multiplayer Online Role Playing Game), 일인칭 슈팅게임(FPS, First Person Shooting), 보드 게임을 들 수 있다. 이 중 MMORPG는 기존의 RPG 게임의 캐릭터 육성과 게임 스토리 진행이라는 요소와 머드게임의 다중접속이라는 요소가 합쳐져 탄생하였다. 대표적인 게임으로는 국내 NCSoft사가 출시한 '리니지'와 '아이온', 해외 블리자드사가 출시한 'World of Warcraft'를 꼽을 수 있다. 'World of Warcraft'는 전 세계적으로 인기를 끌며 컴퓨터게임 개발 업계에 영향을 미쳐 이후 많은 MMORPG가 출시가 되었고, 이들 중 대부분은 'World of Warcraft'를 롤 모델로 삼았다. FPS게임과 보드 게임은 다중접속요소가 없던 시기에도 많이 즐기던 게임 장르였지만, 다중접속요소가 합쳐지면서 사용자간에 게임을 즐길 수 있게 되었다. 대표적인 FPS게임으로는 Valve사가 Nexon과 합작하여 개발한 'Counter-Strike Online'이 있고, 보드게임으로는 NHN사가 만든 '한게임 고스톱', '한게임 포커' 등이 있다.

출처 : NCSoft, VALVE

그림 1.20 MMORPG '아이온'(좌), FPS 'Conter Strike Online'(우)

현재 대부분의 컴퓨터게임 개발 업체는 온라인게임 출시에 주력하고 있다. 컴퓨터게임의 트렌드가 온라인이라는 점도 있지만 수익성이 좋다는 것이 큰 이유이다. 패키지 게임은 유일한 수익구조가 패키지 판매인데, 그나마 이것도 불법복제 때문에 매출을 올리기가 쉽지 않다. 반면에 온라인게임은 계정 사용료와 게임 내 아이템 판매, 게임머니 판매를 통해 수익을 올릴 수 있다.

패키지게임의 불법복제 문제는 매우 심각하다. 불법복제는 과거에도 이루어졌지만, 최근 몇 년 전부터는 초고속 통신망의 보급과 더불어 P2P(peer-to-peer)의 사용으로 불법복제가 빠른 시간에 대량으로 이뤄지고 있다. 이에 게임 업계들은 오랜 기간 동안 불법복제 방지 기술들을 개발 하였지만, 게임 발매 당일 날에 불법복제 방지 기술을 무력화시키는 프로그램이 나올 정도로 불법복제가 기승을 부리고 있다. 게임 불법복제 폐해의 예로 일본 KOEI사가 개발한 '삼국지11'을 들 수 있는데, 게임패키지 판매량이 국내 사용자의 1/100에도 못 미치는 것으로 알려졌다. 이에 KOEI사는 '삼국지11 파워업 키트'부터는 한국어 버전을 출시하지 않았고 '삼국지12'의 출시 예정 또한 없는 것으로 알려졌다. 그렇기 때문에 향후 게임 업계들은 불법복제가 불가능하거나 무의

미한 온라인게임과 모바일 게임을 주로 제작할 것으로 예상된다.

정보검색과 구글

정보검색이라 하면, 어떠한 정보들의 집합에서 필요로 하는 정보를 찾는 일이라고 할 수 있다. 간단한 예로, 전화번호부에서 특정 주소의 전화번호를 찾는 일을 들 수 있다. 인터넷이 일반화되기 전 정보검색은 책이나, 신문, 잡지 등에서 정보를 얻어내는 작업이었다. 하지만 2000년대부터 정보검색은 인터넷을 이용하여 정보를 얻어내는 개념으로 바뀌었으며, 그 이유는 인터넷을 이용할 경우 전 세계의 방대한 정보를 도서관에 가거나 신문에서 찾아보는 수고 없이 얻을 수 있기 때문이다. 보통 인터넷을 이용한 정보검색은 포털사이트(portal site)를 통해서 이루어진다.

포털사이트 중 가장 대표적인 곳은 단연 구글이라고 할 수 있다. 이유는 뛰어난 검색엔진을 바탕으로 검색의 효율성이 좋아 전 세계적으로 가장 인기 있는 포털사이트이기 때문이다. 구글의 검색방법 및 결과 표출은 전통적인 검색엔진의 방법인 '검색어가 해당 페이지에 몇 번이나 나왔는가?'를 이용한 검색어 빈도에 따라 검색 결과를 표출 하는 것이 아니라, 웹사이트간의 관련성 분석을 통해 결과를 표출한다. 이런 방법은 페이지랭크라는 방법인데 간단히 설명을 하면, 웹사이트간의 링크를 분석하여 많은 연결 페이지를 갖고 있는 페이지를 좋은 문서로 판단하고 페이지의 순위를 매기어 최상위부터 최상단에 나타내는 방법이다. 구글은 또한 하이퍼텍스트 매칭(hypertext matching) 분석이라는 방법을 사용하고 있다. 이 방법은 페이지의 전체 콘텐츠를 분석하는데, 글꼴, 구획 및 단어의 위치까지 고려하며 인접한 웹페이지의 내용도 분석하여 검색결과가 검색어와 가장 관련성이 높은 것인지 확인한다.

그림 1.21 구글 검색 화면

구글이 다른 포털사이트와 크게 다른 점은 검색엔진 성능뿐만이 아니다. 대부분의 포털사이트는 배너 광고를 사용한다. 하지만 구글은 텍스트 기반의 광고만을 하고, 우측에 '스폰서 링크'라고 표시를 하여 사용자로 하여금 해당 링크가 광고임을 쉽게 알아 볼 수 있게 해준다. 구글은 텍스트만을 사용하여 광고하기 때문에, 배너가 많은 다른 포털사이트에 비해 상대적으로 페이지 로딩(page loading)이 빠른 장점이 있다.

구글은 다른 포털사이트와 마찬가지로 문서검색 이외 서비스 및 콘텐츠들을 제공하고 있는데, 그 종류는 이메일 서비스 Gmail, 동영상 검색서비스 구글 비디오, 사전기능, 언어번역, 구글 어스, 구글 툴바, 웹 브라우저 구글 크롬 등을 포함하여 30개 이상으로 매우 다양하다.

이중 다른 포털사이트와 비교되는 대표적인 콘텐츠로 구글 어스를 들 수 있다. 구글 어스는 사용자로 하여금 자신이 원하는 전 세계의 거의 모든 지역을 3D로 볼 수 있게 해준다. 구글 어스는 이를 위해 위성사진이나 항공사진 등을 수집하여 지형을 3차원으로 변환하는 작업을 수행하고 있다. 그 밖

그림 1.22 구글 어스 장면

에 지형을 재미있게 구경할 수 있는 비행 시뮬레이션 기능도 제공한다.

구글은 현재 전 세계 포털사이트 중 시장 점유율 1위를 차지하고 있지만, 국내에서는 유독 인기를 누리고 있지 못하고 있다. 여러 가지 이유가 있겠지만 가장 큰 이유로는 검색어를 한국어로 입력하였을 때의 검색 결과와 영어로 검색을 하였을 때 결과가 양적으로 너무 차이가 많이 난다는 것이다. 이와 같은 문제를 해결하기 위해 국내 포털사이트 네이버는 '지식in' 즉, '사용자 간 질문과 답변'이라는 개념을 도입하였다. 이 방법은 소프트웨어를 통해 단순히 검색어와 관련된 페이지를 불러오는 것에 비해 시간은 훨씬 더 걸리지만, 검색어기반 검색의 한계인 의미정보검색을 해결하였다. 또 다른 이유로는 한국인의 특성을 들 수 있다. 한국인들이 포털사이트를 접속하는 이유는 단순히 검색을 위해 접속하는 것이 아니라 다양한 콘텐츠들을 이용하기 위해 한다는 것이다. 구글의 메인페이지는 로고와 검색창만으로 이뤄져 있는 반면, 국내 포털사이트들은 실시간 뉴스를 비롯해 인터넷 쇼핑, 각종 생활 정보 게재, 인기 블로그 소개, 웹툰 게재 등 매우 다양한 서비스 및 콘텐츠를 메인페이지에 보여 준다. 최근 구글은 이러한 문제들을 해결하기 위해 한국어로 서비스하는 메인페이지에 '이 시간 인기 토픽', '인기 블로그'등을 게재하고, 검색어로 검색을 하였을 때 추가적으로 'Q&A'라는 블록을 할당하여 다른 사이트에서 사용자 간 질문과 답변 내용을 연결하여 보여주고 있다. 또한 검색 언어에 따라 검색 페이지가 한정되는 문제를 해결하기 위해, 해당 언어로 된 문서뿐만 아니라 그 검색어를 다른 언어로 번역하여 검색한 결과까지도 보여준다.

보안과 해킹

보안이란 컴퓨터나 네트워크와 같은 자원을 보호하는 것이다. 보안은 크게 비밀성, 무결성, 가용성의 세 가지를 만족하여야 한다. 비밀성이란 컴퓨터나 네트워크를 통해 전송되는 정보를 안전하게 보호하는 것을 말한다. 그리고 무결성이란 전송되는 정보가 다른 해커에 의해서 불법적으로 수정이 되거나 위조되지 않았다는 것을 보장하는 것이다. 마지막으로 가용성이란 사용자가 컴퓨터나 인터넷을 사용하고 싶을 때 언제든지 사용할 수 있도록 하는 서비스를 말한다.

해킹이란 시스템이나 네트워크에 침입하여 시스템을 파괴하거나 네트워크를 마비시켜서 정상적인 보안 서비스인 비밀성, 무결성, 가용성을 훼손하는 행위를 통칭한다.

개인용 컴퓨터의 보급이 본격적으로 이루어진 90년대에는 컴퓨터 바이러스의 유포나 컴퓨터 암호의 유추를 통한 해킹이 성행하였다면, 2000년대부터는 통신망을 통한 해킹이 주를 이루고 있다. 그 예로는 서비스거부공격(DoS,

Denial of Service attack)을 통한 해킹과 사이버 전쟁 그리고 개인정보 유출 등을 들 수 있다.

서비스거부공격이란 컴퓨터나 네트워크를 공격하여 더 이상 컴퓨터나 네트워크를 사용하지 못하게 하는 공격이다. 2003년 1월 25일 발생한 인터넷 대란이 바로 서비스거부공격에 의한 결과이다. 당시 우리나라의 모든 컴퓨터가 이틀 정도 인터넷을 사용하지 못하였다. 지금도 메일시스템에 서비스거부공격을 해서 메일을 사용하지 못하게 하거나 인터넷 쇼핑몰을 공격하여 주문을 못하게 하고 사용자의 정보를 가로채는 범죄가 발생하고 있다. 2009년 7월에 행해진 해킹으로 바이러스에 감염된 컴퓨터들이 7월 4일 미국의 주요 사이트를 공격하고 7월 7일 우리나라 정부와 주요기관을 공격하였고 최대 메일서버 사이트인 네이버메일서비스를 공격하였다. 그 후 2차, 3차 공격이 계속 되었으며 최후에는 감염된 컴퓨터의 하드디스크를 파괴하여 사회적으로 큰 반향을 일으켰다. 이러한 서비스거부공격을 막기 위해서는 가용성 보안서비스가 제공되어야 한다. 가용성 보안서비스는 네트워크를 사용하고 싶을 때 사용할 수 있게 해주는 서비스이다. 이를 위해서는 하나의 컴퓨터에서 발생하는 데이터의 양을 제한하는 방식과 인터넷을 통과하는 데이터를 감시하여 보안을 유지하는 것이 필요하다.

사이버 전쟁은 2000년대에 가장 두드러진 특징으로서 인터넷을 통한 해킹 전쟁을 수행하는 것이다. 가장 대표적인 것이 미국과 중국 사이에 일어난 사이버 전쟁으로서 미국 정찰기가 중국 영토인 하이난다오 섬에 불시착한 사건으로 불거진 해킹 전쟁이다. 당시에 중국의 해커들이 우리나라를 경유하여, 즉 우리나라에 있는 컴퓨터 서버에 바이러스를 유포시켜서 이 서버들이 미국의 백악관이나 국방부의 서버를 공격하게 하는 방법으로 사이버 전쟁을 촉발시켰다. 우리나라는 미국과 중국의 중간에서 해킹과 사이버 전쟁의 중간 지가 되었었다.

2008년에는 러시아와 그루지야 간의 사이버 전쟁으로 인하여 그루지야의 정부·언론·금융·교통 전산망이 마비되는 사건이 있었으며 이슬람의 양대 종파인 수니파와 시아파 간의 지속적인 상대 웹사이트 해킹 사건, 이스라엘과 하마스 간 전쟁 발발과 동시에 행해진 수백 개의 웹사이트 해킹 사건 등이 대표적인 사이버 전쟁의 사례이다. 중국이나 북한과 같은 나라에서는 이러한 사이버 전쟁을 위해 사이버 전사를 양성하고 있다.

개인정보 유출은 중국을 거점으로 한 해커들에 의해서 자주 발생한다. 중국의 해커들이 웹사이트를 해킹해서 개인정보를 유출시키는 사건이 심각하다. 2008년 2월에는 국내 최대 인터넷 오픈 마켓인 옥션이 중국의 해커로부터 공격을 받아 1천만 명이 넘는 고객정보가 유출되는 사고가 발생하였다. 이어 7월에 인터넷포털 업체에서 55만 명의 이메일 정보가 새어 나갔고, 9월에는 1천 1백만 건에 달하는 GS 정유회사 고객 정보가 내부직원에 의해 유출되는 등 크고 작은 개인정보 유출 사고가 잇따르고 있다. 이로 인해 개인정보에 대한 보안관리 문제가 전 국민의 관심사로 떠오르고 있다. 이렇듯 2000년대에는 금전을 목적으로 하여 악의적으로 서비스를 지연시키거나 개인정보를 빼내는 방향으로 보안을 위협하고 있으므로 이에 대한 대비책이 절실히 필요한 상황이다.

시저 암호

로마의 황제였던 줄리어스 시저(Julius Caesar)는 시저 암호라고 불리는 암호를 사용하였다. 시저는 가족과 비밀통신을 할 때 각 알파벳 순으로 세자씩 뒤로 물려 읽는 방법으로 글을 작성하였다. 즉 A는 D로, B는 E로 바꿔 읽던 방식이었다. 수신자가 암호문을 복호화하려면 암호문 문자를 좌측으로 3문자씩 당겨서 읽으면 원래의 평문을 얻을 수 있다. 송신자와 수신자는 몇 문자씩 이동할지를 비밀키로 하여 바꿔가면서 사용할 수 있었다.

시저는 브루투스에게 암살당하기 전 가족들로부터 다음과 같은 긴급통신문을 받았다. 시저가 받은 편지에는 'EH FDUHIXO IRU DVVDVVLQDWRU'라고 되어 있었으나 3글자씩 당겨서 읽어보면 뜻은 'BE CAREFUL FOR ASSASSINATOR', 즉 '암살자를 주의하라'는 것이었다.

당시 시저의 권세를 시기했던 일당은 시저를 살해할 암살 음모를 꾸미고 있었으며, 시저 자신도 이를 어느 정도 눈치 채고 있었다. 하지만 시저는 구체적으로 암살자가 누구인지 알 수 없었다. 결국 암호문을 전달받은 당일 시저는 원로원에서 전혀 생각지도 못했던 브루투스에게 암살당하면서 "브루투스, 너마저…"라는 말을 남겼다.

미드웨이 해전의 암호전쟁

태평양 전쟁 당시 일본의 진주만 공습으로 큰 피해를 입고 전력이 약화됐던 미국은 일본의 그 다음 공격목표가 어디인지를 알아내야 했다.

1942년 4월, 하와이 주둔 미국 해군 정보부의 암호해독반 블랙 챔버는 일본군의 무전이 증가하고 있음을 발견했다. 이미 일본해군의 암호체계인 JN-25를 해독하고 있던 해독반은 AF라는 문자가 자주 나타난다는 사실에 주목했다. AH는 진주만을 뜻하는 것이었다.

암호해독반의 지휘관이었던 죠셉 로슈포르 중령은 AF를 미드웨이 섬이라고 생각했다. 일본의 정찰기가 "AF 근처를 지나고 있다"는 내용의 무선 보고를 해독한 적이 있었던 그는 정찰기의 비행경로를 추정해 본 결과 AF가 미드웨이 섬일 것이라는 심증을 갖게 된 것이다.

로슈포르 중령은 체스터 니미츠 제독에게 일본군의 침공이 임박했다는 것과 AF가 자주 언급된다는 점, 그리고 AF가 미드웨이 섬일 것이라는 보고를 한 후, 미드웨이 섬의 담수 시설이 고장 났다는 내용의 가짜 전문을 하와이로 평문 송신하게 하자고 건의했다. 3월에 미드웨이 섬 근처에 일본 해군의 비행정이 정찰 왔던 것을 알고 있던 니미츠 제독은 이 건의를 받아들였다. 사실 미드웨이 섬의 정수 시설은 아무런 문제가 없었다. 이틀 후, 도청된 일본군 암호 중 "AF에 물 부족"이라는 내용이 해독되었다. 이로써 일본군의 다음 공격 목표가 미드웨이 섬이라는 것이 분명해진 것이다.

미군은 암호해독을 통해 일본의 공격목표가 미드웨이라는 사실을 알아낸 후 전투에 대비하고 반격을 준비하여 일본의 태평양함대를 격파하고 전쟁을 승리로 이끌 수 있었다.

컴퓨터비전

컴퓨터비전은 인공지능의 한 분야로서 인간의 인지기관 중 시각 기능을 컴퓨터에 실현하는 연구 분야이다. 즉, 카메라 혹은 특정한 영상입력장치로

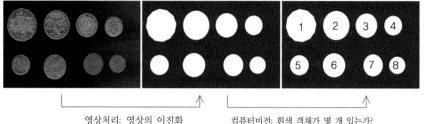

영상처리: 영상의 이진화   컴퓨터비전: 흰색 객채가 몇 개 있는가?

출처 : Matlab

그림 1.23 전처리로서의 영상처리과정과 영상정보 추출에서의 컴퓨터비전

부터 얻어진 영상에서 의미 있는 정보를 추출하여 인식하는 것이 컴퓨터비전 기술이다. 컴퓨터비전은 주어진 영상으로부터 정보를 추출하고 인식하기 위해 영상처리, 패턴인식, 기계학습 등의 기술을 사용한다.

영상처리는 컴퓨터비전에서 가장 기초적인 기술이라고 할 수 있다. 영상처리는 영상을 입력받아 특정한 처리를 하여 향상된 영상을 출력하는 기술이다. 여기서 향상이라고 함은 영상의 화질이 개선된다거나 해상도가 좋아진다는 것이 아니라, 영상에서 정보를 추출할 때 좀 더 효과적으로 추출할 수 있도록 하는 것이다. 대표적인 영상 처리로는 처리는 관심객체와 배경 간의 분리, 색상의 양자화, 영상의 이진화, 조명 개선, 회전 보정 등이 있다.

패턴인식은 인지과학(Cognitive Science)과 인공지능 분야에 속하는 문제 중 하나로, 심리학, 컴퓨터 과학, 신경생물학, 언어학, 철학, 인공지능 등의 분야에서 다양하게 사용된다. 패턴인식은 기본적으로 인식대상의 패턴들 즉 표본 패턴을 수집하여 각 클래스를 대표하는 특징 값을 산출 및 저장하는 학습단계와 학습단계에서 산출 및 저장되어 있는 학습결과 특징 값과 새로이 입력되는 패턴의 특징 값을 비교하여 결과코드를 산출하는 인식단계로 구성된다.

컴퓨터비전에서 패턴인식은 영상 내의 특정 모양, 색상, 명암 등의 존재 유무, 특정 위치의 존재 유무, 반복성 등의 인식이 포함되고, 임의의 객체에

대한 분류 또한 포함된다. 이러한 일을 하기 위해 확률적 접근법, 임의의 값에 의한 분리, 기계학습, 군집화 등의 방법을 사용한다. 기계학습은 패턴인식을 하기 위한 방법으로 임의의 특징 값들의 집합에 대해 미리 학습된 범주로 분류를 한다. 간단히 예를 들면 숫자 0부터 9까지를 컴퓨터에 학습시킨 후, 임의의 숫자를 입력하면 이 숫자를 인식하는 것이다. 대표적인 기계학습 방법으로는 인공신경망, 서포트벡터머신(Support Vector Machine), 유전알고리즘(Genetic Algorithm)등을 들 수 있다.

컴퓨터비전은 센서를 미리 탑재해야 하는 센서기술과는 달리, 카메라 또는 캠코더를 이용하여 영상만 획득한다면 적용이 가능하여 그 응용 범위가 상당히 넓다. 현재 대표적인 응용 사례를 보면 문자인식, 자동차 번호판 인식, 지문인식, 홍채인식 등을 들 수 있다. 미래에 유비쿼터스 시대로 갈수록 컴퓨터비전 기술에 대한 수요는 크게 늘 것으로 예상된다.

컴퓨터 기술의 미래

스마트폰과 인공지능

저장 메모리의 새로운 강자 플래시 메모리

유비쿼터스 세상에서의 정보보호

서비스 기반의 소프트웨어 공학

인공지능의 내일

컴퓨터 그래픽스의 새로운 도전

임베디드 시스템과 IT 융합 기술– 영화 〈매트릭스〉를 통해

미래의 컴퓨터는 어떤 모습일까?

제1부에서 살펴본 바와 같이 지난 60년간 컴퓨터는 놀라운 기술의 발전과 변화를 거듭해 왔으며, 그 진화는 현재도 계속되고 있을 뿐 아니라 불과 10년 뒤의 상황을 예상하기도 어려울 만큼 빨라지고 있다. 현재의 시점에서 그려 볼 수 있는 컴퓨터의 미래는 어떠한 것일까? 그 무한한 변화를 정확히 예측할 수는 없지만, 지금까지는 할 수 없었으나 컴퓨터를 이용하면 앞으로 할 수 있는 일들이 어떤 것들이 있을지, 컴퓨터가 어떤 방향으로 진화할지는 어느 정도 예측할 수 있다.

가장 먼저 떠올릴 수 있는 한 가지는 소프트웨어의 중요성과 그 부가가치가 더욱 커지리라는 것이다. 이는 IT 전 분야 중에서도 특히 컴퓨터와 다른 시스템의 융합이 이루어지는 IT 융합분야(예를 들면 휴대전화, 자동차, 의료기기 등)에서 더 큰 비중을 갖게 될 것이다. 또, 미래의 컴퓨터는 점점 더 고도로 지능화될 것이다. 이미 여러 분야에서 컴퓨터가 사람을 대신하는 일이 낯설지 않고, 앞으로도 그 추세는 지속될 전망이다. 놀라운 지능을 가진 똑똑한 로봇의 출현도 먼 미래의 일이 아니다. 반면에 컴퓨터에 대한 인간과 사회의 의존도가 높아지기 때문에 컴퓨터의 안정성이 중요해진다. 특히 소프트웨어의 신뢰성과 보안문제가 매우 중요한 이슈로 대두될 것이다.

제2부에서는 앞으로 컴퓨터가 진화해 갈 방향을 전망해 본다. 스마트폰의 발전, 차세대 저장매체인 플래시 메모리의 발달, 유비쿼터스 세상과 거기에서의 정보 보호, 서비스 기반의 소프트웨어 개발, 인공지능 분야의 확대, 컴퓨터 그래픽스의 진보 등 변화를 함께 점쳐 보고, 임베디드 시스템과 IT 융합기술이 무엇인지 알아보자.

독자들이 이 책을 읽는 동안에 새겨야 할 점은 이 책에 기술한 많은 변화와 신기술은 앞으로 강물처럼 도도하게 펼쳐질 기술 발전과 변화의 일부 구간에 불과함을 기억하자.

스마트폰과 인공지능_박영택

넷북, 전자책(e-book), 3D TV 등과 함께 최근 스마트폰에 대한 관심이 열풍처럼 번지고 있다. 어떤 이들은 '스마트폰(smart phone)'이라는 명칭의 '폰(phone)'은 적절한 단어가 아니니 '스마트 복합컴퓨터'와 같은 새로운 이름으로 불러야 한다고 주장한다. 왜냐하면 스마트폰은 단순한 전화기가 아니라 CPU, 메모리, 하드디스크를 갖춘 장치로써 10여 년 전 PC 수준의 성능을 발휘하기 때문이다.

스마트폰은 성능이 향상됨에 따라서 작은 기기에는 적용하기 어려웠던 인공지능 기술을 어느 정도 적용할 수 있기 때문에 소비자들은 곧 인공지능 기술이 응용된 스마트폰을 만날 수 있을 것이다. 인공지능이 탑재된 스마트폰은 소비자 취향까지 고려되며 소비자 중심으로 사용방법을 개편할 수 있어서 사용하기 편리하다.

사람과 대화하는 스마트폰

2000년대 초반 미국방위고등연구계획국(DARPA Defense Advanced Research Projects Agency)은 비서 역할을 할 수 있는 지능형 소프트웨어의 개발을 시작했다. 이 프로젝트의 주요 목표는 전시에 지휘본부의 지휘관들이 효율적으로 의사 결정을 내리도록 도와주는 인공지능 기술의 구현이었다. 이 프로젝트를 통하여 인공지능 기법인 '머신 러닝(Machine Learning)'과 지능형 에이전트가 정립되었으며 프로젝트의 결과물인 '디지털 어시스턴트(Digital Assistant)'라는 이름의 소프트웨어가 개발되었다. 기계학습이라고 할 수 있는 '머신 러닝'은 사람들의 행위를 관찰하면서 사람들이 선호하는 취향을 학습하는 것과 같이 컴퓨터가 수행하는 다양한 학습에 대해 연구하는 분야이다. 지능형 에이전트는 사람이 하는 일을 대신해 스스로 추론하고 계획하여 작업을 수행하는 소프트웨어를 연구하는 분야이다.

DARPA의 지원하에 이와 같은 인공지능기법이 개발된 후, 이 연구에 참여하였던 연구원들이 'Siri'라는 회사를 만들어, 인공지능 기술을 스마트폰에 적용한 새로운 종류의 가상비서(Virtual Assistant)를 개발하였다. 음성언어 인식 기술이 장착된 가상비서 Siri는 스마트폰 사용자가 자신이 원하는 바를 소리 내어 말하면 이를 인식하고 수행한다. 예를 들어 Siri는 날씨 정보 확인, 스포츠 경기 예약, 식당 예약 같은 일을 대신해 줄 수 있다. 사용자가 Siri에게 "지금 내가 있는 곳 주변에서 저녁 9시에 영화 <셔터 아일랜드(Shutter Island)>를 보고 싶은데 예약을 해줘"라고 이야기하면 Siri는 그 사람의 위치를 GPS 정보로 파악하고 부근의 극장을 찾아 예매하고, 가야 할 극장을 지도로 표시한 후에 스마트폰으로 예약여부를 확인받는 비서업무를 수행할 수 있다.

음성언어로 된 사람의 명령을 알아듣고, 인공지능의 에이전트 기술과 기계학습 기술 등을 활용해 스마트폰을 더욱 똑똑하게 만드는 기술은 앞으로

그림 2.1 Siri 스마트폰 화면

도 더욱 발전하여 우리의 일상생활을 편리하게 바꿔줄 것이다.

사람의 행동을 미리 예측하고 알려주는 스마트폰

도시 관광 안내책자를 만들던 일본의 종합인쇄회사 DNP(Dai Nippon Printing)는 책에 담긴 내용을 휴대전화로 서비스하면 편리하다는 점에 착안하여, 미국의 PARC(Palo Alto Research Center)에 연구를 의뢰하였다. PARC는 결과물로 'Magitti'라는 인공지능 소프트웨어를 개발하였다. Magitti는 사용자의 일상생활을 모니터하고, 기계학습과 에이전트 기술을 활용해 사용자의 행위 패턴을 파악하여 그에 맞는 적절한 정보를 제공한다.

Magitti는 인공지능기술로 '액티비티 어웨어(Activity-Aware)'라는 기능을 수행할 수 있다. 이 기술은 사용자의 행위와 그때의 GPS 정보를 지속적으로 모니터하여 사용자의 일상생활 패턴을 알아낸다. 예를 들어 Magitti 사용자가 주로 금요일 오후에 영화를 본다면, Magitti는 이러한 사실을 사용자의 라이프 로그를 통해 미리 충분히 학습한 상태에서 금요일 아침마다 사용자에게 좋아할 만한 영화를 상영하는 극장 또는 케이블채널이나 IPTV 방송을 알려준다. 실제로 팔로알토(Palo Alto) 지역에서 Magitti를 사용한 사람들은 여러 가지 다양한 반응을 보였다고 한다. 재미있는 사례로, 평소 식사를 하러 멀리 다운타운을 찾던 사람들이 Magitti를 사용한 후에는 자신의 집에서 가까우면서도 만족스러운 식당을 Magitti로부터 소개받아 이용하게 되었다고 한다.

이런 기술은 매우 다양한 형태로 응용되어 발전할 수 있다. 이 기술을 스마트폰에 접목시키면 소비자들이 개인적으로 원하는 바를 들어줄 수 있는 소프트웨어를 개발할 수 있다.

증강현실을 이용한 스마트폰

최근 들어 '증강현실(Augmented Reality)'을 활용한 스마트폰들이 속속 등장하고 있다. 예를 들어 스마트폰을 통해 한 식당을 클릭하면 그 식당에 대한 소개, 메뉴, 관련 영상, 이용자들의 리뷰 등 다양한 정보가 스마트폰에 표시된다. 또한 여행 중에 관광지에 대해 알고 싶거나 가게를 찾을 때에 스마트폰을 통해 관련지식을 미리 찾아볼 수 있다면 매우 편리할 것이다. 이런 증강현실은 컴퓨터학의 그래픽스, 가상현실과 같은 분야에서 연구하는 기술이다. 근래에 와서는 증강현실이 스마트폰에 내재되는 추세여서 인공지능 기술이 자연스럽게 대중화되고 있다.

스마트폰이 겨냥하는 대상이 여러 개인 경우, 인공지능 기술은 사용자의 관심사가 어떤 것인지를 미리 학습해 두었다가 여러 대상물 중에서 사용자가 가장 관심을 가질 만한 대상물을 자동으로 파악하여 정보를 제공함으로써 사용자의 편의성을 증대시킬 수 있다. 이와 같은 개인화 기술의 발달은 앞으로 스마트폰 사용자에게 더욱 큰 편의성을 제공할 것으로 기대되고 있다.

그림 2.2 증강현실 기반의 스마트폰

링크드 오픈 데이터를 이용한 스마트폰

정부의 데이터나 공공 데이터(시내버스 상황, 날씨 정보)를 이용하여 사용자에게 유익한 정보를 제공하는 서비스들이 최근 많이 나타나고 있다. 미국과 영국에서는 이미 정부의 공공데이터를 웹에 오픈하고 모바일 스마트폰 사용자들이 이를 활용할 수 있도록 기능을 확장하였다.

'링크드 오픈 데이터(Linked Open Data, LOD)'는 사용자가 웹을 사용하는 중에 발생한 데이터가 얼마나 중요하게 사용될 수 있는지를 강조하기 위해서 웹 창시자 팀 버너스리(Tim Berners-Lee)가 제안한 운동이다. 이러한 데이터의 의미를 표현하는 연구 분야를 시맨틱 웹(semantic web)이라고 한다. 시맨틱 웹은 인공지능의 에이전트가 사람의 명령을 받아 이를 이해하고, 사람에게 지능적 서비스를 자동으로 수행할 수 있도록 하는 기술이다.

앞으로 스마트폰은 손에 들고 다니는 컴퓨터의 기능을 수행하고, 사용자에 대해 개인화된 비서 역할을 할 것이다. '아이폰(iPhone)', '안드로이드폰(Android Phone)' 등의 스마트폰이 출시되고, '앱스토어(AppStore)'와 같은 모바일 온라인 마켓(Mobile Online Market)이 등장하면서 셀 수 없이 다양한 서비스들이 세상에 나오고 있다. 이러한 서비스는 고객에게 더 큰 만족을 주기 위한 새로운 기술의 개발과 이를 활용하는 차세대 서비스의 지속적인 출현으로 이어지리라 예상된다.

특히 사람의 지식을 표현하는 문제, 사람처럼 추론하고 계획하는 기술, 사람처럼 학습하는 기술들로 구성되는 인공지능 기술에 대한 연구는 더욱 가속화될 전망이다.

저장 메모리의 새로운 강자 플래시 메모리_박동주

보조기억장치와 플래시 메모리

컴퓨터 주기억장치의 메모리에 저장되어 있는 데이터는 빠르게 쓰거나 읽을 수 있지만 메모리의 전원이 차단되면 지워지는 반면, 디스크와 같은 보조기억장치는 전기를 차단해도 데이터가 지워지지 않으며 가격이 저렴해서 큰 용량의 데이터를 보관하는 데 사용된다. 보조기억장치는 데이터를 기록하는 소자(素子) 및 원리와 판독하는 방법에 따라 크게 세 가지로 나뉜다.

첫 번째 기기는 1950,60년대에 개발된 자성물질을 이용하는 자기 테이프, 자기 드럼, 하드 디스크이며 두 번째 기기는 1980년대 개발된 레이저 빔을 이용하는 CD와 DVD이다. 세 번째 기기는 최근의 반도체 특성을 지닌 플래시 메모리(Flash memory)가 내장된 USB, 메모리 스틱, SSD(Solid State Disk)[31] 등이 해당된다. 플래시 메모리는 좋은 특성을 가지고 있어서 널리 사용되고 있다. 특히, 아직도 대부분의 컴퓨터 기기에서 보조기억장치로 널리 사용되고 있는 하드 디스크를 대체할 소자로 주목받고 있다.

지금까지 컴퓨터의 보조저장장치로서 하드 디스크(HDD)의 사용은 당연시되어 왔다. 그러나 근래에 와서 MP3 플레이어, PDA, 디지털 카메라, 휴대폰

---

31) 기존의 하드 디스크는 그 내부에 모터와 같은 기계적 장치가 필요한 반면, SSD는 이런 장치가 전혀 필요 없이 단지 반도체와 같은 전기소자로만 구성되어 있기 때문에 Solid State Disk라고 불려진다.

등과 같은 모바일 기기의 대중화로 컴퓨팅의 이동성에 유리한 저장장치의 개발이 필요하게 되었고, 이러한 필요에 따라 플래시 메모리가 등장하였다.

플래시 메모리는 메모리 카드나 USB 메모리 등과 같은 소형 이동 저장장치에서 사용되거나 일반 컴퓨터 시스템에서 SSD 형태로 저장장치에 사용되고 있다. 이러한 저장장치를 이해하기 위해서는 먼저 플래시 메모리의 특성을 이해할 필요가 있다.

플래시 메모리는 장점이 많은 소자이다. 플래시 메모리는 비휘발성의 메모리 반도체로서 소비 전력이 작고 외부 충격에 강하며, 하드 디스크의 기계적인 장치가 필요하지 않기 때문에 데이터 접근 속도가 매우 빠르다. 이러한 장점 때문에 이동성을 강조하는 모바일 기기에 널리 사용되고 있다.

하지만 플래시 메모리는 디스크가 데이터를 수정(update)하는 방식으로 수정할 수 없다. 플래시 메모리에서는 한 번 데이터를 쓴 위치에 또 다른 데이터를 기록할(overwrite) 수 없고, 새로운 데이터를 기록하기에 앞서 실제 기록할 데이터의 크기보다 훨씬 큰 영역의 데이터를 소거(erase)해야 한다. 플래시 메모리의 소거 연산은 비용 많이 들기 때문에 데이터를 수정할 때에 플래시 변환 계층(Flash Translation Layer, FTL)이라고 하는 효율적인 소프트웨어의 도움을 받아야 한다. 그림 2.4는 FTL의 역할을 보여주고 있다. 또한 FTL은 파일 시스템(File system)에서 플래시 메모리 상에 데이터 읽고 쓰기를 할 때 사용하는 '논리 주소(Logical address)'를 실제 플래시 메모리에 데이터를 기록할 '물리 주소(Physical address)'로 변환시켜 주는 역할도 수행한다.

데이터 저장용으로 널리 사용되고 있는 NAND 플래시 메모리의 기본적인 저장구조는 그림 2.5와 같다. 플래시 메모리는 n개의 블록을 가지며, 각 블록은 m개의 페이지로 구성된다. 페이지는 실제 데이터를 저장하는 영역과 메타 데이터를 저장하는 부가영역(spare area)으로 구성된다. NAND 플래시 메모

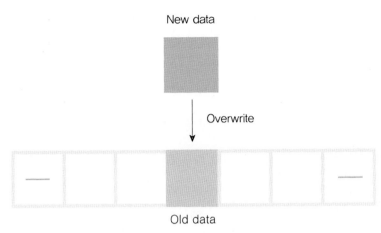

New data

Overwrite

Old data

그림 2.3 플래시 메모리의 덮어쓰기 제약

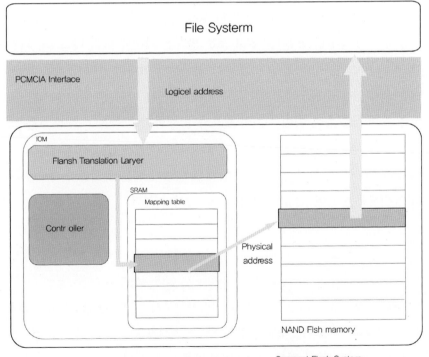

File Systerm

PCMCIA Interface

Logicel address

IOM

Flansh Translation Laryer

SRAM

Mapping table

Contr oller

Physical address

NAND Flsh mamory

Compact Flash System

그림 2.4 플래시 메모리에서의 FTL의 필요성

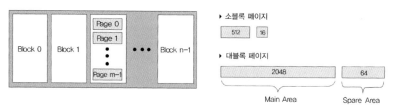

그림 2.5 플래시 메모리의 기본구조

리는 크게 소블록 플래시 메모리와 대블록 플래시 메모리로 구분된다. 소블록 플래시 메모리는 512바이트의 페이지를, 대블록 플래시 메모리는 2KB의 페이지를 사용한다. 대블록 플래시 메모리에서 하나의 블록은 일반적으로 128KB의 저장 공간을 가지며, 8192개의 블록으로 구성된 플래시 메모리는 1GB의 데이터를 저장할 수 있다. 현재 페이지의 크기도 4KB로 확장되면서 플래시 메모리의 용량도 커지고 처리 능력도 향상되고 있는 추세이다.

플래시 메모리에 데이터를 읽고 쓰는 방식은 기존의 하드 디스크와 다르다. 하드 디스크에서와 같은 읽기/쓰기 연산뿐만 아니라 플래시 메모리에서는 소거 연산도 필요하다. 읽기/쓰기 연산의 기본 단위는 페이지이지만, 연산은 각각 서로 다른 처리 시간이 필요하다. 일반적인 NAND 플래시 메모리에서 페이지의 읽기와 쓰기는 각각 25μs와 200μs, 소거에는 2ms가 필요하다. 이처럼 플래시 메모리는 소거하기가 매우 어렵기 때문에 입출력 속도를 올리기 위해서는 소거 연산을 획기적으로 줄여야 한다.

플래시 메모리 SSD vs. HDD

플래시 메모리는 기존의 모바일 저장장치로서의 역할뿐만 아니라 현재 SSD(Solid State Disk)라는 새로운 영역으로 쓰임새가 넓어지고 있다. SSD는 하드 디스크를 대체하기 위해 개발되었기 때문에 하드 디스크에서 사용하였던 ATA 또는 SCSI와 같은 전통적인 인터페이스를 사용할 수 있다.

이제 SSD가 하드 디스크를 대체할 수 있는지 확인해 보자. 그림 2.6은 데이터 저장 용도로 사용되는 NAND 플래시 메모리의 가격 추세를 보여준다. 그림에서 알 수 있듯이 플래시 메모리의 1GB당 가격은 하드 디스크에 비해서 급격하게 하락하고 있다. 또한 '황의 법칙'에 따라 플래시 메모리의 용량도 매년 두 배씩 증가하고 있기 때문에 빠른 시일 내에 하드 디스크와의 가격 경쟁력을 확보할 것이라고 예상할 수 있다.

SSD는 1990년대 후반부터 고도의 안정성을 요하는 군사용 또는 특수 산업용의 컴퓨터 시스템 저장장치로 개발되어 사용되고 있다. 최근에는 플래시 메모리의 대중화로 인해 컴퓨터 성능을 개선하기 위한 목적의 SSD에 관심이 쏠리고 있다. 그림 2.7에서 알 수 있듯이, 컴퓨터 시스템을 구성하는 주요 부품인 CPU와 DRAM 메모리는 매년 급성장하고 있으며 초창기에 비해 성능이 1000배 가깝게 향상되었다. 이에 반하여 하드 디스크는 이들에 비해 성장이 매우 더디다. 따라서 현재의 컴퓨터에서 상대적으로 느린 속도의 하드 디스크의 성능을 대체할 수 있는 SSD가 많은 관심을 받고 있다.

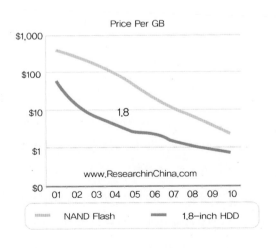

그림 2.6 NAND 플래시 메모리의 예상 가격 추세

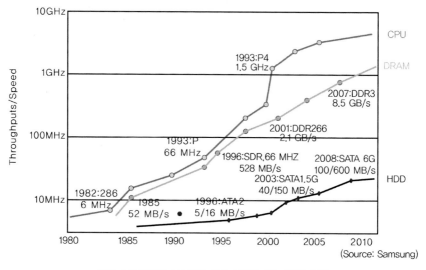

그림 2.7 컴퓨터 시스템의 주요 부품의 성능 발전 추세

SSD는 하드 디스크에서 필요한 기계적인 기능을 갖춘 장치, 즉 회전하는 디스크와 이동하는 헤드가 필요하지 않기 때문에 값도 싸며, 입출력 시간도 빨라진다. 하지만 SSD는 데이터 전송률이 낮아서 이를 높이는 개발이 중요하다.

플래시 메모리 기반 소프트웨어 개발의 전망

앞에서 우리는 플래시 메모리 SSD에서 데이터를 지울 때에 많은 비용이 든다고 했다. 소프트웨어를 개발할 때 가장 중점을 두어야 할 점들 중 하나가 데이터 입출력 시 그 비용을 최소화하는 것이다. 현재까지 데이터의 입출력을 요구하는 대부분의 소프트웨어, 예를 들면 운영체제나 데이터베이스는 하드 디스크라는 저장장치를 가정하고 있기 때문에 하드 디스크의 데이터 입출력의 특징을 잘 활용할 수 있는 방법으로 개발되었다. 만일 플래시 메모리 SSD가 하드 디스크를 대체한다면 모든 소프트웨어는 플래시 메모리 SSD의 특성에 맞춰 변화되어야 할 것이다.

컴퓨터를 알면 미래가 보인다

NAND 플래시 메모리는 삼성전자, 하이닉스와 같은 국내 기업이 전 세계 시장의 50% 이상을 차지하고 있으며, 향후 그 전망도 매우 밝다. 플래시 메모리에서 사용되는 핵심 소프트웨어 기술 분야는 아직은 태동기이다. 아직 이 방면에서는 세계적으로 실력자도 없다. 플래시 메모리의 하드웨어 기술은 우리나라가 주도하고 있는 상황에서 우리나라가 이 분야에서도 세계를 석권하여 진정한 IT 강국으로 인정받기를 기대한다.

유비쿼터스 세상에서의 정보보호_이정현

컴퓨터와 인터넷 기술이 발전하고 널리 보급되면서 우리 사회는 고도의 지식정보화 사회로 발전해 가고 있다. 정보화 사회란 정보의 축적, 처리, 전송 능력이 획기적으로 증대되면서 정보의 가치가 물질이나 에너지 이상으로 중요해지는 사회로, 정보가 상품으로서의 가치를 인정받아 시장에서 유통되는 사회를 말한다. 지식정보화 사회로 접어들면서 사이버 공간의 활동은 갈수록 확대되고 있다. 기존의 오프라인 세상에서 이루어졌던 많은 활동, 업무, 서비스들이 온라인으로 제공되는 시대를 우리는 살고 있다.

이처럼 지식정보화 사회가 발전함에 따라 정보보호의 중요성이 커지고 있다. 정보 시스템에 더 많이 의존하게 되면서, 정보 시스템이 갑자기 사용할 수 없게 되거나 오동작하면 업무가 마비되거나 사람의 생사까지 좌우할 수도 있다. 많은 정보가 체계적으로 잘 정리되어 있다는 사실은 장점일 수도 있지만 정보가 적에게 노출될 경우 더 많은 피해를 당하는 단점으로 바뀔 수 있다.

따라서 정보화 수준이 높은 기업과 조직, 국가는 정보보호에 더 많은 노력을 기울여야 한다. 글로벌 경쟁시대에서 앞서 나가기 위해서는 정보화 수준을 높여 경쟁력을 높이는 것도 중요하지만 이에 걸맞은 최고 수준의 정보보호 능력을 갖추는 것도 중요하다. 정보보호 능력은 지식정보화 사회가 계속해서 발전하고 나아가 근 미래의 유비쿼터스 시대 도래를 앞두고 더욱더 중요한 일이 되고 있다.

유비쿼터스 센서 네트워크와 보안

차세대 바코드로 불리는 무선주파수 식별자(Radio Frequency Identification, RFID)는 바코드를 확장하여 훨씬 상세한 내용을 저장할 수 있다. 무선주파수 식별자 시스템은 무선주파수 식별자 태그, 리더, 안테나와 무선신호로 구성된다. 무선주파수 식별자 태그는 현재 우리가 쓰는 바코드에 해당하는 것으로 볼 수 있는데 안테나와 무선 신호 수신기, 응답 신호를 리더로 보내는 개체다. 리더는 쉽게 말해서 바코드 리더이다.

무선주파수 식별자는 두 팔 범위에서만 동작하는 바코드보다 훨씬 먼 거리에서도 동작할 수 있다. 바코드는 직진성이 약한 적외선을 이용하여 스캔하지만 무선주파수 식별자는 직진성이 강한 무선 주파수 통신을 이용하기 때문이다. 태그를 포함한 개체엔 무선주파수 식별자와 통신하기 위해서 안테나가 장착되어 있다.

무선주파수 식별자는 우리 생활에 여러 가지로 편리하게 사용된다. 한 예로, 자동차에 가까이 가지 않고도 본인 자동차의 문을 여닫을 수 있으며, 차 밖에서 시동을 걸 수 있다. 그러나 만약 자동차 시동장치 버튼을 눌렀을 때 누군가 통신내용을 가로채 자동차의 고유번호를 추출하여 그 번호를 포함하는 자동차 무선시동장치를 만든다면 그 사람은 그 자동차를 손쉽게 훔쳐갈 수 있을 것이다.

이렇듯 무선주파수 식별자를 사용한 생활은 편리함을 주지만 범죄에 이용될 수도 있다. 따라서 무선주파수 식별자 통신상에서 있을 수 있는 보안 공

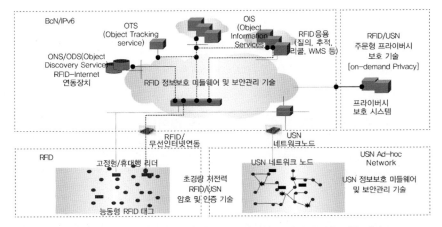

그림 2.8 무선주파수 식별자/유비쿼터스 센서 네트워크 정보보호기술 적용 개념도

격문제와 무선주파수 식별자 사용에 따른 사생활 침해로 인한 보안 위협을 막을 수 있는 예방책과 대책들이 필요하다.

사생활 침해 문제를 해결할 수 있는 기술에는 프로토콜 수준의 기법[32]과 물리적 수준의 기법[33]이 있다. 또한 프라이버시를 보호하기 위한 익명성 제공 방법으로 익명 태그가 있다. 즉, 태그의 본 ID 대신 여러 익명이 담겨진 태그를 이용해서 사용자의 신상을 보호하는 방법이다.

그림 2.8에서 보듯이 무선주파수 식별자와 유비쿼터스 센서 네트워크 (Ubiquitous Sensor Network, USN)에는 많은 정보보호 기술이 필요하다. 무선주파수 식별자의 가용성을 높이고 무선주파수 식별자/유비쿼터스 센서 네트워크의 정보보호 미들웨어 및 보안관리 기술을 증진시켜 좀 더 안전한 서비스를 제공할 수 있도록 하고, 무선주파수 식별자/유비쿼터스 센서 네트워크 주문형 프라이버시 보호 기술을 개발함으로써 좀 더 사용자가 희망하는 서비

---

32) 블로커 태그와 소프트 블로킹은 프로토콜 수준의 기법에 속한다. 블로커 태그는 사용 가능한 RFID 태그 영역에서의 프라이버시 보호를 목적으로 하는 방법으로 태그에 'Private'이라고 표시된 경우 리더기가 이를 읽지 못하도록 하는 기술이다. 소프트 블로킹은 태그와 리더의 프로토콜 단계에서 이루어지는 것이 아니라, 소프트웨어 프로그램 또는 리더 단계에서 처리된다.

33) 프라이버시를 강화하기 위한 물리적 기법으로는 신호 대 잡음 측정(Antenna Energy Analysis)이 있다. 이는 RFID 태그를 가독할 수 있는 거리를 제한함으로써 프라이버시를 보호하는 방법을 말한다.

스를 안전하게 제공해야 한다.

무선주파수 식별자는 분명 우리의 삶에 가깝게 밀착되어 세상을 좀 더 편리하고 효율적으로 만들어갈 것이다. 그러나 이러한 이점은 무선주파수 식별자의 사용으로 생길 수 있는 위험성, 프라이버시 침해와 같은 문제점에 대한 대책이 선행되어야 더욱 빛을 발할 수 있을 것이다.

U헬스케어와 보안

언제 어디서나 서비스 이용이 가능한 유비쿼터스 기술의 등장으로 병원이 아닌 환자의 집, 사무실 또는 이동 중에도 의료서비스를 받을 수 있는 U헬스케어 서비스가 가능해졌다.

U헬스케어 서비스는 모바일 의료서비스의 진화된 모델로서 공간과 시간의 제약을 없애, 환자가 생활공간 속에서 다양한 의료 센서 및 기기를 통해 수집된 바이오 정보와 환경 정보를 기반으로, 중앙의 원격 의료 서비스 시스템을 통해 언제 어디서나 의료 피드백을 받을 수 있는 서비스이다. U헬스케어 서비스의 대표적인 예로는 로체스터 대학의 미래 스마트 메디컬 홈 프로젝트[34]가 있다.

U헬스케어는 다양한 기술들이 집약되고 융합된 서비스로서 바이오, 환경 정보를 센싱, 모니터링 하기 위한 의료 센서나 기기, 센서 간 통신 및 데이터 송수신을 위한 유무선 네트워크, 바이오 데이터 분석과 건강 피드백을 담당하는 의료 정보 서버, 그리고 생성된 의료 정보를 소비하는 다양한 정보 소비자 집단, 즉 환자나 의료진 및 관련 응용 서비스 등으로 구성될 수 있다.

---

34) 스마트 의료 센서부, 수집된 각종 바이오 신호의 분석부, 지속적인 건강상태 모니터링 및 데이터 축적부, 응용 서비스를 위한 정보 교환 인터페이스 및 사설 방화벽 등으로 구성된다. 이와 같은 프레임워크를 기반으로 댁내에서 피부암 등의 피부상태를 상시 체크할 수 있는 스마트 거울(smart mirror), 상처의 감염 유무를 상시 감시하고 보고하는 스마트 밴드(smart bandage), 복용 약에 대한 정보와 복용 유무를 알려주는 스마트 약물(smart drug) 등의 서비스를 개발했다.

환자 이식형 또는 이동형 센서는 환자 식별정보를 포함하여 혈당, 당뇨, 심박 수, 동작 탐지 등에 관한 바이오 정보를 측정하고 필요에 따라 주변 환경 정보 등을 감지하여 동기식 혹은 비동기적인 방법으로 유무선 네트워크를 통해 건강 정보 서버에 전송한다.

이때 무선 의료기기 및 센서 간에는 유무선 인터넷을 통해 수집된 데이터들이 전송된다. 건강 정보 시스템에 수집되고 축적된 데이터로부터 건강상태, 생활패턴 등에 관한 건강자료를 분석하여 현장진단처방이 이루어져 사용자에게 결과가 전송된다.

이와 같이 U헬스케어는 유무선 네트워크를 사용해야 하고, 개인의 바이오 정보 및 주변 환경에 관한 모니터링 정보 등 개인적인 정보를 주로 다루고 있으며, 의료 행위가 이루어진다는 점에서 보안 및 프라이버시 측면에서 충분한 검토가 이루어져야 한다. U헬스케어에서 사용되는 보안기술에는 건강/의료 정보에 대한 프라이버시 보호기술[35], 전자 의무 기록의 안전한 교환 및 공유기술[36], 멀티 도메인 간 인증 및 ID 관리 기술[37], 헬스케어 시스템 위험 평가 및 보안관리 기술[38]이 있다.

홈네트워크와 보안기술

홈네트워크의 보안이 중요해지면서, 2005년 국제표준화기구(ISO)에서는

---

35) 개인정보보호 방법으로는 개인정보를 자신의 통제 영역 안에 포함시켜 개인정보의 유통을 개인이 관리하도록 하는 개인정보 자기통제권 확보 기술과, 개인 정보를 전송하고자 하는 대상자만이 해석할 수 있도록 암호화하는 방법 및 정보 활용시 개인 정보를 통해 개인을 식별하지 못하도록 하는 익명화 방법이 있다.

36) IHE-XDS(Cross Enterprise Document Sharing)에서는 의료 데이터의 공유를 동의한 의료 도메인(clinical affinity domain) 간에 데이터 교환 상호호환성을 보장하고 데이터의 안전한 접근 및 활용을 보장하기 위한 기술적 내용을 포함하고 있다.

37) IHE-XUA(Cross-Enterprise User Assertion)는 멀티 도메인 간의 사용자 인증을 지원하기 위한 통합 프로파일로서 도메인 간 교환되는 트랜잭션에 대해 사용자(XDS actor) ID를 부여하고 접근 제어를 수행하기 위해 요구되는 인증 및 속성정보, 보안 감사 속성 정보 등을 포함하고 있다.

38) 헬스케어 시스템의 오류 및 결함, 사용 부주의 등으로 인한 의료 사고 등으로부터 환자의 건강 및 생명에 대한 악영향을 최소화하기 위해 헬스케어 시스템에 대한 안전성 평가 및 위험 관리 기술이 요구된다.

홈네트워크 보안 요구사항과 댁내 및 댁외 보안에 대한 표준이 제정되었다. 국제전기통신연합 전기통신표준화부문(ITU-T) SG17(Study Group 17)에서도 2004년 세계전기통신표준화 회의(WTSA)를 계기로 통신망에서의 정보보호에 대한 중요성을 크게 인식하여, 차세대 네트워크(Next Generation Network, NGN) 보안, 스팸(SPAM) 메일 대책, 사이버 보안 등을 포함한 광범위한 범위의 보안관련 표준을 개발하고 있다. 또한 홈네트워크 보안관련 표준 개발도 시작단계에 있다.

홈네트워크 보안

홈네트워크 보안은 국제표준화기구/국제전기기술위원회(ISO/IEC)에서 2005년 6월 표준으로 발표되었고, '홈네트워크 안전(Home network security)'이라는 주제 아래 보안 요구, 내부 보안 서비스, 외부 보안 서비스의 세 부분으로 나뉘어 표준이 완성되었다. 이 표준안에서는 다음과 같은 내용이 담겨져 있다. 우선 홈게이트웨이 중심의 홈네트워크 모델을 정립하고, 이 모델에 적합한 보안 요구사항 및 보안 서비스들을 정의했다. 또한 홈네트워크에서는 고려해야 할 사항들이 많고, 다양한 종류의 홈네트워킹 모델과 다양한 사용자 요구사항 그리고 많은 애플리케이션들이 존재하기 때문에 하나의 보안 솔루션으로 해결할 수 없음을 강조하였다. 그리고 홈네트워크 보안 시스템을 개발하는 데 있어서 저비용, 단순성, 사용편의, 신뢰성에 대해 고려해야 함을 강조하였다. 그림 2.9는 이 표준안에서 제시하는 댁내 및 댁외 보안에 관한 개략도이다.

이 표준안에서 댁내에는 다양한 종류의 디바이스 및 통신매체들이 있고, 외부 공격에 대해 안전성이 확보되지 않은 통신매체들이 있기 때문에 SCMP를 두어 댁내 보안을 꾀하였다. 또한 댁외는 홈게이트웨이에서 서비스 공급

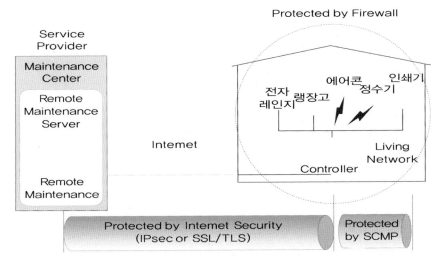

그림 2.9 댁내 및 댁외 보안

자 혹은 댁외 사용자에 이르는 영역으로, 이들은 인터넷을 이용하여 연결되어 있으므로 새로운 프로토콜을 제시하지 않고 기존의 인터넷 보안 프로토콜(IPsec또는 SSL/TLS)을 이용한다.

홈네트워크 보안기술 프레임워크

홈네트워크 보안기술 프레임워크는 국내 표준화기관인 TTA에서 표준으로 채택되었고, 현재 국제전기통신연합 전기통신표준화부문(ITU-T)에서 표준화 과정에 있다. 이 표준안은 유무선 전송기술을 고려한 홈네트워크 보안 위협, 보안요구사항, 보안기능을 정의하고, 홈네트워크 일반모델[39]과 3가지 홈디바이스 모델[40]을 제안하고 있다. 아래 그림은 이 표준안에서 제안한 홈네트

---

39) 원격사용자, 원격 터미널, 응용서버, 보안 홈게이트웨이, 홈 응용서버, 홈사용자, 홈디바이스의 7개 개체로 구성된다.
40) 홈디바이스를 A, B, C의 세 가지 타입으로 구분하여 타입별로 적용하는 보안 수준을 달리하였는데, 타입A는 PC 혹은 PDA처럼 사용자 인터페이스가 있어서 사용자 인증이 가능하고, 다른 디바이스들을 제어하는 디바이스들이 속한다. 타입B는 다른 디바이스들과 통신할 인터페이스가 없는 타입C 디바이스들을 연결해 주는 디바이스들이 속한다. 타입C는 A/V 기기, 웹 카메라 등 타입B 디바이스가 전달하는 명령에 따라 제어되는 디바이스들로 이루어진다.

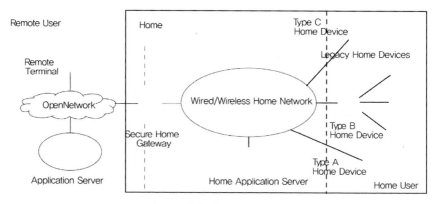

그림 2.10 홈네트워크 보안 기본 모델

워크 보안 모델을 보여준다. 이 그림은 ITU-T SG17 질의9의 다른 표준안들에서도 기본 모델로 사용하고 있다.

논의 중인 이 표준에서는 홈네트워크가 전력선, 무선통신, 유선 케이블 등 다양한 전송 매체를 사용하고, 이들은 유선 및 무선 매체가 섞여 있으므로 유선뿐만 아니라 무선 네트워크상의 위협까지도 고려해야 한다는 특성이 있음을 강조하여 이에 대한 보안 위협[41] 및 보안요구사항[42]들을 정의하고 있다.

U시티와 보안

언제 어디서나 인터넷과 연결하고, 자유로운 웹 접근 및 IT 디바이스를 사용하는 기술을 도시에 적용하면 미래형 도시인 유비쿼터스 도시 'U-City'를 만날 수 있다. 유비쿼터스 도시는 IT 기술의 새로운 도약과 발전의 상징이자,

---

41) 이 표준에서 기술하고 있는 일반적인 보안 위협에는 도청, 폭로, 가로채기, 통신방해, 통신교란, 데이터 삽입 및 수정, 비인가된 접근, 부인, 패킷 비정상 포워딩 등이 있고, 모바일 통신상의 보안위협으로는 도청, 폭로, 가로채기, 통신방해, 통신교란, 어깨너머보기, 원격터미널 분실 및 도난, 예기치 않은 통신 중단, 오독 및 입력오류 등이 있다.

42) 이 표준에서 기술하고 있는 보안요구사항으로는 데이터 기밀성 및 무결성, 인증, 접근제어, 부인방지, 개인정보보호 등이 있고, 보안 기능으로 암호화 기능, 전자서명 기능, 접근제어 기능, 데이터 무결성 기능, 인증/공증 기능, MAC 및 키 관리 기능 등을 기술하고 있다.

IT 분야의 메가트렌드인 기술융합이 대규모로 이루어진 분야이다. 유비쿼터스 도시와 이 분야에서 요구되는 보안 사항에 대해 알아보자.

U시티는 첨단 정보통신 인프라와 유비쿼터스 정보서비스를 도시공간에 융합하여 도시생활의 편의 증대와 삶의 질 향상, 체계적 도시 관리에 의한 안전보장과 시민복지 향상, 신산업 창출 등 도시의 제반기능을 혁신시킬 수 있는 차세대 정보화 도시이다. 앞서 이야기했던 무선주파수 식별자 기술을 기반으로 U헬스, U홈서비스 등을 제공할 수 있는 도시를 일컫기도 한다.

U시티에서 적용된 편리성을 위한 기술은 개인의 프라이버시를 침해할 수 있다. 예를 들면 도시 각 도처에 설치된 무선주파수 식별자 리더는 시민들이 지니고 있는 무선주파수 식별자 태그를 읽어 수시로 시민들의 위치를 감시할 수 있다.

U시티에서 고려해야 할 정보보호는 사생활 침해만이 아니다. 각각 사용자 및 디바이스 인증 및 각 개체의 능력/기능에 대한 인증, 디바이스의 성능 및 에너지를 고려한 경량형 암호 알고리즘의 개발, 소형 디바이스에 대한 물리적 보호, 서비스 거부(Denial of Service, DoS)에 대비한 침입탐지 및 대응 기술이 필요하다. U시티에는 여러 첨단기술들이 총동원되지만 그중 도시민들의 치안확보와 자산보호를 위한 첨단 보안체계 구축은 U시티 조성의 가장 중요한 핵심과제이자 전제조건으로 꼽히고 있다.

U시티에서는 무선주파수 식별자/유비쿼터스 센서 네트워크와 통합관제 시스템에서 보안체계가 세워진다. 위치추적 시스템을 생각해 보자. 위치추적 시스템은 그 자체로도 완벽한 보안 시스템이며, 출입통제 및 영상보안 시스템, 무인전자경비 서비스와의 결합을 통해서 통합보안체계를 마련할 수 있다.

유비쿼터스 세상에서는 네트워크가 생활 전반에 스며들어 있기 때문에 기존의 웹 환경에서보다 인증 관리가 더욱 중요하다. U시티에서는 여러 서비스가 시행되기 때문에 서비스마다 개별적으로 인증받는 절차가 불가능하다.

U시티에서는 ID 통합관리가 기본으로 제공되어야 한다.

U시티에서 정보보호를 강화하기 위해서는 시민 스스로가 정보보호의 중요성을 깨닫고 정보를 보호하기 위해 노력하는 자세가 필요하고, U시티 개발자들이 정보보호의 모델을 개발하고 지원할 뿐 아니라 기술표준화 및 보안 가이드를 개발하여 배포하여야 한다.

서비스 기반의 소프트웨어 공학_김수동

서비스(Service)란 무엇인가

컴퓨터에 관심이 있는 학생이라면 서비스 지향 아키텍처(Service-Oriented Architecture, SOA) 혹은 클라우드 컴퓨팅이란 말을 들어본 적이 있을 것이다. 이 둘의 공통점은 '서비스'를 인터넷을 통해 사용자에게 제공하는 것이다. '서비스'는 사용자가 원하는 기능을 제공하는 단위이다. 예를 들어 온라인 쇼핑몰은 물건을 구매할 수 있는 기능을 제공하고, 기차표 예약 시스템은 사용자가 원하는 시간과 장소의 기차를 검색하고 예약하는 기능을 제공하며, 영화표 예매 시스템은 상영 중인 영화를 검색, 예매하는 기능을 제공한다. 즉, 인터넷을 통해 사용자가 원하는 일을 할 수 있도록 도와주는 것이 서비스이다. 서비스의 주요 장점은 다음과 같다.

첫 번째, 모든 작업이 사용자의 컴퓨터가 아닌 서비스를 제공하는 서버에서 이루어지는 점이다. 사용자는 영화표를 예매하기 위해 관련된 소프트웨어를 자신의 컴퓨터에 설치하지 않고도 인터넷을 통해 영화 예매 시스템에 접속하여 영화표를 예매할 수 있다. 따라서 사용자는 인터넷에 연결된 컴퓨터만 있다면 어떤 서비스라도 사용할 수 있다. 두 번째, 서비스를 이용하면 비용이 적게 든다. 지금까지는 사용횟수와 상관없이 소프트웨어를 구입하여 사

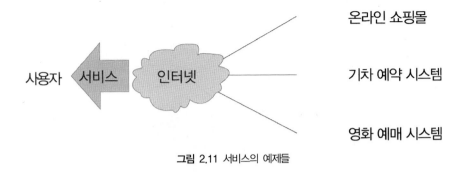

그림 2.11 서비스의 예제들

용자의 컴퓨터에서 사용하였다. 하지만 서비스는 구매하지 않기 때문에 사용자는 자신이 사용한 만큼의 이용 요금을 지불하면 된다. 세 번째, 다양한 서비스가 존재한다. 인터넷에는 동일한 기능을 제공하는 많은 서비스가 있다. 사용자는 해당 기능을 제공하는 서비스 중에서 자기에게 맞는 서비스를 선택하여 사용하고, 만일 더 좋은 서비스를 발견하면 손쉽게 서비스를 교체할 수 있다.

정부와 기업들은 휴대전화, 컴퓨터 등의 전자장치가 향후에는 서비스를 중심으로 발전할 것이라고 예상하고 있다. 특히 '아이폰(iPhone)'과 같은 스마트폰이 출시되면서 이러한 흐름은 더욱 가속화되고 있다.

클라우드 컴퓨팅 서비스의 개요

클라우드 컴퓨팅은 언제 어디서나 볼 수 있는 구름처럼 인터넷에 접근 가능한 장치만 있다면 소비자가 원하는 서비스를 이용할 수 있는 개념이다. 서비스는 구름이라는 단위로 편성된다. 구름이란 내부의 복잡한 구성은 사용자에게 드러나지 않으므로 내부에 대해서 하나도 모르는 사용자도 서비스를 이용할 수 있다는 의미를 지니고 있다.

따라서 사용자는 자신이 원하는 서비스를 제공하기 위한 서버가 어디에

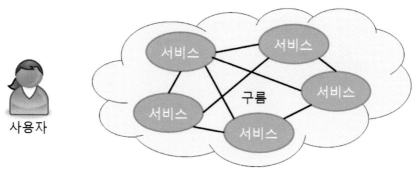

그림 2.12 클라우드 컴퓨팅의 구조

위치했는지, 사양은 어떻게 되는지 등의 문제는 고려할 필요가 없다. 단순히 자신이 원하는 서비스를 검색하여 이용하기만 하면 된다.

클라우드 컴퓨팅에서는 다음과 같은 네 가지 서비스를 제공한다.

- 소프트웨어 형태의 서비스(Software-as-a-service, SaaS): 기존 어플리케이션이 제공하는 기능을 서비스의 형태로 제공한다. 예를 들어 구글의 문서 도구(Google Docs), 달력(Calendar), 웨이브(Wave) 등이 SaaS에 속한다.
- 컴포넌트 형태의 서비스(Component-as-a-service, CaaS): 재사용성이 높은 하나의 기능을 서비스 형태로 제공하고, 서비스 소비자 혹은 다른 서비스 제공자가 재사용한다. SaaS가 전체 기능을 제공한다면, CaaS는 단일 기능 혹은 여러 단일 기능을 혼합한 복합 기능을 제공한다.
- 플랫폼 형태의 서비스(Platform-as-a-service, PaaS): 기존의 컴퓨터 운영체제나 미들웨어와 같은 플랫폼을 인터넷을 통하여 서비스 소비자에게 서비스 형태로 제공한다. 예를 들어 웹 어플리케이션 개발 환경을 제공하는 '구글 앱 엔진(Google App Engine)'이 PaaS에 속한다.
- 인프라스트럭처 형태의 서비스(Infrastructure-as-a-service, IaaS): CPU, 메모리, 저장장치와 같은 실제 물리적인 컴퓨팅 자원을 서비스 형태로 제공

한다. 하나의 서버가 보유할 수 있는 물리적인 자원에는 한계가 있기 때문에, 가상화 기술을 통하여 분산된 자원을 통합하여 관리한다. '아마존'의 EC2와 SimpleDB가 IaaS에 속한다.

컴퓨터에 비해 적은 양의 자원을 가진 모바일 장치와 모바일 인터넷이 활성화되면서 서비스가 중요한 트렌드로 떠오르고 있다.

서비스의 활용 분야와 사례

현재 전 세계적으로 유비쿼터스(U) 헬스케어 기술이 주목받고 있다. U헬스란 IT와 의료(바이오) 산업이 융합한 뉴 IT로 시공간의 제약을 받지 않고 사이버 공간에서 편리하게 제공받을 수 있는 의료서비스를 의미한다. 특히 고령화 사회에서 U헬스는 국가의 의료비 지출과 가계의 부담을 덜어주고 경제활동 인구의 감소를 예방하는 미래사회 핵심기술로 손꼽히기 때문이다.

또, 현재 전 세계적으로 많이 이용되고 있는 활용도 높은 서비스로 구글 맵(Google Map)이 있다. 요즘 해외로 여행을 할 때 구글 맵의 여행 검색 및 추천 서비스가 많이 이용되고 있다. 구글 맵 여행정보 서비스는 호텔 및 숙소, 맛집, 쇼핑 등 다양한 정보를 사용자에게 제공한다.

모바일을 이용한 건강관리 서비스 역시 유망한 서비스 모델의 하나이다.

매일 아침 우리는 새로 도착한 메일과 오늘의 뉴스를 확인하고, 메신저를 통해 의사소통을 하는 등 컴퓨터를 통해서 수많은 일들을 한다. 모바일 헬스케어 서비스를 이용하면 사용자의 이러한 생활 패턴(음식, 운동, 몸무게 등)이 데이터로 만들어져 전문가에게 전해지고, 전문가들은 각 개인에 맞는 체계적인 관리를 제공한다. 일상적인 건강관리의 중요성은 너무나 잘 알려져 있으므로, 헬스케어 서비스는 관련 포털도 충분히 등장할 수 있을 만큼 발전

그림 2.13 구글 맵을 이용한 여행정보 서비스

그림 2.14 모바일 헬스케어 서비스

컴퓨터를 알면 미래가 보인다

가능성이 큰 서비스 모델이다.

웹 서비스 기반의 미래형 도구

- **신발** - 웹 서비스 기술은 주로 비즈니스 분야에서 다양한 응용에 대한 통합의 도구로서 이용되어 왔다. 현재 웹 서비스는 단순히 비즈니스 영역의 어플리케이션뿐만 아니라 유무선 통합 응용, 방송/통신 융합, 정보가전, 임베디드 환경 등 IT839 전략의 다양한 IT분야에서 핵심 소프트웨어 인프라 기술로 활용되고 있다. 가까운 미래에는 이렇게 완전히 새로운 형태의 웹 서비스도 가능할 것이다.
- **의류** - 실시간으로 언제 어디서든 자가진단 및 원격검진이 가능하도록 하는 쌍방향 웹 서비스 시스템이다. 의복형 다중 생체신호를 실시간으로 감지하고 측정하여 그 정보를 개인 모바일을 통해 전송한다. 모바일 허브와 유무선 이동통신망을 이용하여 유 헬스케어 센터에 전송한다. 이렇게 전송된 개인정보는 다양한 검사를 통해 결과를 전송받을 수 있다.

인터넷의 화두가 웹 1.0에서 웹 2.0, 3.0 등 웹 서비스에서 모바일 서비스로 이동하고 있다. 최근 스마트폰 확산에 따른 모바일 산업의 변화를 분석하고 미래 발전을 전망하며 정부 및 민간 차원의 대응전략을 마련하기 위해, 지식경제부 '모바일 산업 아웃룩(Outlook)'은 스마트폰의 급성장에 따른 모바일 기기·소프트웨어·서비스 산업 전반의 현황과 미래 진화방향, 국내 산업의 경쟁력 분석, 정부·민간의 대응방향 등을 조사하고 발표하였다. 또한 모바일 서비스는 클라우드 컴퓨팅 기술을 기반으로 여러 서비스를 합쳐 새로운 복합 서비스를 제공하는 매쉬업(Mash-up) 방식으로 활성화될 것으로 전망하였다. 정부는 혁신적인 제품과 서비스 개발에 대한 과감한 투자와 함께, 특히 대기업들의 조직문화·경영방식을 개선하여 창의적 아이디어가 지속적으로 제안되고 채택되는 문화 조성이 필요하다고 권고하였다. 또한 정부는 모바일 소프트웨어 개발환경을 중점적으로 지원하고, 저전력·고성능의 차세대 핵심기술을 개발하며, 과감한 규제개선 등을 통해 국내 모바일 시장의 테스트베드 기능을 복원해야 한다고 역설하였다. 향후 모바일 서비스가 많은 일자리를 창출할 수 있는 잠재적 부가가치가 높은 분야임을 정부에 의해 공인받았다.

구 분	현 재 (~2010년)	2~3년후 (2010~2013년)	5년 이상 (2015년~)
응용서비스	단순 모바일 게임 단순텍스트 검색 위치기반 서비스 모바일 보안문제 제기	모바일 실시간 게임 맞춤형 검색 Mash-Up 서비스 단말기 보안	다자간 모바일 게임 지능형 검색 3D 증강현실 서비스 무선서비스 보안
SW플랫폼	개별 범용운영체제	다중 SW플랫폼 지원	다중 단말간 협업 지원
기 기	피쳐폰 / 스마트폰	스마트북 / e-북 동	웨어러블 기기
이 통 망	3G (300k~14Mbps)	3.9G (30~100Mbps)	4G (100M~600Mbps)

그림 2.15 모바일 산업 진화 방향

인공지능의 내일_황규백

　오늘날 인공지능은 '인공지능 세탁기'나 '인공지능 에어컨'과 같이 일상생활에서도 종종 들을 수 있는 말이다. 이 인공지능은 과연 무엇일까? 인공지능이라고 말하면 사람들은 대부분 공상과학 영화에 등장하는 로봇을 연상한다. 영화 <터미네이터>에는 사람과 유사한 외모에 뛰어난 체력과 지능을 가진 사이보그가 등장한다. 이 사이보그는 심지어 남을 위해 자신을 희생하는 이타심마저 보인다. 영화 <2001 스페이스 오디세이>에는 인간과 같은 지능을 가진 HAL9000이라는 컴퓨터가 장착된 우주선이 등장한다. 영화 <블레이드 러너>에는 인공적으로 생산되고 수명은 수년에 불과한 복제인간이 등장한다. 영화에 등장하는 사이보그, 컴퓨터, 복제인간은 자연적으로 태어나지는 않았지만 인간과 비슷하거나 뛰어난 지능을 가지고 있다.

　그렇다면 오늘날 인공지능의 현실을 살펴보자. 우선 앞서 이야기한, 인공지능 기능을 가진 가전제품들이 있다. 예를 들어 스위치만 켜 놓으면 주인이 집을 비운 사이에 스스로 청소를 하는 로봇이 판매되고 있다. 또한 스스로 자동차 운전을 할 수 있는 인공지능 소프트웨어도 개발되었다. 인공지능 기술이 활발하게 적용되고 있는 또 하나의 분야는 컴퓨터 게임이다. 스스로 바둑이나 장기를 두는 소프트웨어는 이미 보편화되어 있고, 우리가 흔히 하는 비디오 게임에는 컴퓨터가 조종하는 캐릭터들이 등장한다. 인공지능 게임 기술은 이미 상당한 수준까지 발달하여 IBM에서 개발한 '딥 블루'라는 컴퓨터가 1997년 세계 체스 챔피언과의 대결에서 승리를 거둔 바 있다.

　영화에서 보여지는 미래의 인공지능과 현재의 인공지능 기술과는 어떤 차이가 있을까? 우선 영화에 등장하는 인공지능 로봇들은 대화, 경쟁, 사회생활 등 사람이 하는 다양한 일들을 해낼 수 있다. 반면 현재의 인공지능 기술은 청소, 체스 등 특정한 기능만을 수행한다. 그렇다면 영화 속에 등장하는 멋진 인공지능 로봇은 언제쯤 우리 주변에서 볼 수 있게 될까? 이 글에서는 이러한 질문을 인류의 진화의 관점에서 조금은 색다르게 설명하고자 한다. 이를 위해서 '지능'의 개념에 대해 먼저 살펴보자.

지능

앞에서 '인공지능이란 무엇일까?'라는 질문을 제기하였다. 여기서는 넓은 의미의 지능에 대해서 알아보자. 지능은 사람마다 조금씩 다르게 정의한다. 예를 들어 대부분의 사람은 '우리 옆집 아저씨는 지능을 가지고 있다'는 말에 동의할 것이다. 그렇다면 '우리 옆집에 살고 있는 강아지는 지능을 가지고 있다'라는 말에 대해서는 어떠한가? 어떤 사람은 그 강아지도 지능을 가지고 있다고 생각하겠지만, 다른 사람은 거기에 동의하지 않을 수도 있다. 그렇다면 '봄날에 날아다니는 나비는 지능이 있다'는 말을 생각해보자. 아마도 강아지의 경우에 비해 더 많은 사람들이 나비에게는 지능이 없다고 이야기할 것이다. 사실 지능, 그리고 그와 관련된 개념들-예를 들면 의식(意識, consciousness)-에 대해서는 수많은 철학자와 과학자들이 다양한 의견을 제시해 왔다. 이들의 의견 중에서 모두가 동의하는 것은 없다.

지능과 관련된 제안 중 하나로 영국의 컴퓨터과학자인 앨런 매시선 튜링(Alan Mathison Turing)이 제시한 튜링 테스트라는 것이 있다. 이는 컴퓨터가 지능을 가지고 있는지를 다음과 같이 검사한다.[43] 밖에서 안을 볼 수 없는 두 방이 있다. 두 방 중 하나에는 사람이, 또 하나에는 컴퓨터가 있다. 조사관은 두 방에 있는 사람(혹은 컴퓨터)과 채팅을 할 수 있다. 이 채팅을 통해서 두 방 중 어느 쪽에 사람이 있고 어느 쪽에 컴퓨터가 있는지 조사관이 구분할 수 없다면, 컴퓨터는 지능을 가진 것이다.

---

43) 물론, 컴퓨터가 아니라 강아지나 나비의 지능을 검사하는 데 사용될 수도 있을 것이다.

만일 여러분이 조사관으로, 두 방 중 어디에 컴퓨터가 있는지 알아내야 한다면 채팅에서 어떤 질문을 던질 것인가? '3 + 4 = ?'와 같은 질문은 오히려 컴퓨터가 더 잘하므로 이렇게 질문해서는 안 된다. 그렇다면 대체 어떤 질문을 던져야 할까? 인간과 컴퓨터를 구별하려면 아마도 사회생활이나 인생에서의 기억과 관련된 것에서 찾아야 할 것이다. 예를 들어 '지금까지 살아오면서 가장 인상 깊었던 장면은 무엇인가?'와 같은 질문이 컴퓨터와 사람을 구분하는 좋은 방법일 것이다.

영화 <블레이드 러너>에 등장하는 '블레이드 러너'는 위에서 설명한 조사관이다. 인간에게 반란을 일으키고 인간사회에 잠입한 복제인간들을 잡아내기 위해 블레이드 러너는 기억에 관련된 질문들을 던지고 답을 들으면서 그 기억이 조작된 기억인지, 아니면 정말 자연스러운 기억인지를 구분하려 애쓴다. 그런데 만일 컴퓨터도 인간과 같은 기억을 할 수 있다면? 영화에는 다음과 같은 복제인간의 대사가 등장한다. "난 너희 인간들이 믿지 못할 광경을 봤어. 오리온좌 옆에서 불타던 전함 탄하우저 게이트 가까이의 암흑에서 번쩍거리던 C-빔도 봤다니까. 모든 순간은 시간 속에 사라지지, 빗속의 눈물처럼. 이제 죽을 시간이군."[44] 만일 여러분 자신이 복제인간이나 컴퓨터가 아니라 사람임을 위와 같은 방식으로 증명해야 한다면 검사를 통과할 자신이 있는가? 곰곰이 생각할수록 통과하기가 쉽지 않음을 알 수 있다.[45]

지능과 관련된 요소에는 과거의 경험 외에 다른 요소도 있는데, 그중 대표적인 것이 계산이다. 지능이 있는 사람은 계산을 할 수 있으며 강아지나 나비는 인간에 비해 계산 능력이 떨어진다. 반면에 계산에 관해서 컴퓨터는 인간과 비교가 되지 않게 탁월하다.

---

44) 영화 속의 이 복제인간은 우주전쟁에 투입되었던 군인 출신이다.

45) 사실, 현재 컴퓨터 프로그램의 수준은 튜링 테스트 통과에 있어서 사람과는 현격한 차이를 보이는데 이는 (원래의) 튜링 테스트의 질문 유형 및 내용에는 제한이 없기 때문이다. 또한, 이것이 지능의 주요 요소라는 주장도 있다. (D.C. Dennett, Can machines think?, Alan Turing: Life and Legacy of a Great Thinker, C. Teuscher (ed.), pp. 295-316, 2004.)

그렇다면 인간은 컴퓨터보다 계산 지능이 떨어지는가? 이 질문의 답을 찾기가 쉽지 않다. 보는 관점에 따라서 다를 수는 있지만 인간의 지능은 꾸준히 발전하고 있다. 글자와 숫자가 만들어지기 전의 인간은 분명히 오늘날의 인간보다는 계산하는 능력이 떨어졌을 것이다. 간단한 예를 들어, '822820 × 925 = ?'를 종이(혹은 유사한 물건)에 적지 않고 머리로만 풀 수 있는가? 머리로만 풀 수 있더라도 종이와 연필을 사용하여 풀 때보다는 시간이 훨씬 더 걸리며 정확도도 떨어진다. 이런 측면에서 볼 때, 종이와 쓰는 도구가 널리 보급되면서 대다수 인간들의 계산 능력, 그리고 이에 따른 지능은 훨씬 더 증대되었다고 볼 수 있다. 그렇다면 주판은? 주판도 마찬가지이다. 수천 년 전에 개발된 주판 역시 인간의 계산 속도와 정확도를 증대시키는 데 큰 도움을 주었다는 점에는 이견이 없을 것이다.

그렇다면 컴퓨터는? 컴퓨터는 종이와 연필 혹은 주판과 과연 다를까?[46] 우선, 계산 능력에 있어서 컴퓨터는 종이와 연필과는 비교할 수 없을 정도로 사람의 계산 능력을 증대시켰다. 과거에는 불가능했던 큰 수 계산을 컴퓨터로 할 수 있게 되었으며, 이로 인해 탄도미사일이나 우주선의 발사가 현실적으로 가능해졌다. 이러한 도구들은 인간 자체의 계산 능력(혹은 지능) 증대와 관련이 없을 것 같다는 생각이 드는가? 그렇다면 인간과 컴퓨터가 결합한 팀, 인간 팀, 그리고 컴퓨터 프로그램 사이의 체스 시합은 어떤가? 인간과 컴퓨터가 결합한 팀은 인간의 직관적인 판단 능력 및 창의성과 컴퓨터의 계산 및 기억 능력을 모았기 때문에 최고 수준의 인간 혹은 컴퓨터 프로그램 단독보다는 훨씬 강했다.[47]

인간과 컴퓨터의 결합은 어쩌면 미래에는 당연한 것이 될지도 모른다. 물론, 그 형태가 어떤 것이 될지는 아직 알 수 없다.

---

46) 20세기 초반의 컴퓨터(computer)라는 단어는 통계학 연구소에서 고용했던 종이와 연필 등을 이용하여 계산을 하는 사람들(주로 여성)을 가리키는 말이었다.

47) G. Kasparov, The chess master and the computer, The New York Review of Books, vol. 57, no. 2, 2010.

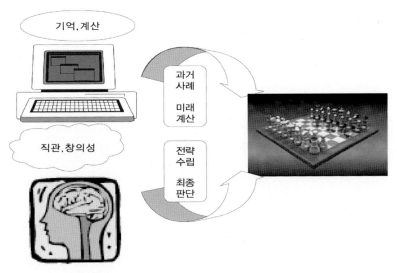

그림 2.16 인간과 컴퓨터가 한 팀이 되면 컴퓨터는 과거의 사례 저장 및 미래의 진행 과정에 대한 계산을 할 수 있고, 인간은 그러한 자료에 기반하여 전략을 수립하고 최종적인 판단을 할 수 있다. 이러한 '인간 + 컴퓨터'는 인간이나 컴퓨터 단독보다는 훨씬 뛰어난 체스 실력을 보일 수 있다.

진화

생물학에서의 진화는 집단이 여러 세대를 거치며 변화를 축적하여 집단 전체의 특성을 변화시키고, 심지어는 새로운 종(種, species)을 탄생시킨다. 여기서는 우선 생명체의 진화를 먼저 이야기한 후, 인간의 진화 특히 도구를 포함한 인간의 진화에 대해서 이야기한다.

최초의 생명체가 수십억 년 전 지구에 등장하였다. 최초의 생물들은 바다에서 살았으며, 진화를 거쳐 육지로 올라온 후에 번성하기 시작하였다. 이후 공룡의 전성시대를 거쳐 포유류가 번성하게 되었으며 수백만 년 전 인류가 출현한 이래 오늘날에 이르고 있다. 물론 지금도 인류라는 생물집단은 진화를 하고 있으며, 수천만 년이 지난 후에는 지금과는 전혀 다른 형태로 진화할 것이다.

그렇다면 인간이나 다른 생물의 진화는 모두 동일한가? 우선 생물학적 진화는 인간이나 다른 생물이나 모두 동일한 기작에 의해 진행된다. 생물학적인 진화는 생명체의 모든 정보를 담고 있는 물질인 DNA(디옥시리보핵산, deoxyribonucleic acid)에 의해 진행된다. 구체적으로, DNA의 서열 정보[48])에 변화가 생기고 이 변화가 축적되면 생명체는 진화한다. 인간의 생물학적 진화의 사례는 농경사회 이래로 급격히 번성해 온 말라리아와 인간 사이의 투쟁을 들 수 있다. 인간들은 농터에 안정적인 물을 공급하려고 저수지를 만들기 시작하였다. 기후가 온화한 지역에서 저수지는 말라리아모기에게 아주 좋은 서식지가 된다. 이후, 인간의 DNA와 말라리아모기를 통해 전파되는 말라리아 원충의 DNA는 서로 살아남기 위한 진화를 거듭해 왔다.[49])

그런데 인류는 위에서 이야기한 생물학적 진화 외에 또 다른 진화를 하고 있다. 인간의 문명 및 문화를 생각해 보자. 문화는 세대를 뛰어넘어 전달되며 진화한다. 문화를 구성하는 한 부분으로 도구를 생각할 수 있다. 수천 년 전에 바퀴가 발명되었다. 이후 인간의 이동은 다른 동물과는 차원이 다르게 발전하였다. 바퀴가 발명된 후 수천 년이 지나 증기기관이 발명되었다. 증기기관과 바퀴의 결합은 기차라는 기존의 차원을 뛰어넘는 이동수단으로 진화하였다. 또 다른 예로, 전기 및 전자공학의 발전은 진공관 및 트랜지스터와 같은 소자의 발명과 함께 컴퓨터를 탄생시켰다. 만일 그러한 소자들이 발명되지 않았더라면 기계적으로 움직이던 19세기의 계산기는 결코 오늘날과 같은 성능의 발전을 이룩하지 못했을 것이며, 인터넷도 사용할 수 없었을 것이다. 이렇듯 인간의 진화에는 생물학적인 진화뿐 아니라 도구의 진화 역시 포함된다.

이어 이러한 진화의 특징과 함께 그로 인해 초래될 지능의 미래에 대해서

---

48) DNA의 주요 내용은 아데닌(adenine), 티민(thymine), 구아닌(guanine), 시토신(cytosine) 4개의 분자로 구성되며, 4종류의 알파벳으로 구성된 문자열로도 볼 수 있다.

49) S.C. Gilbert et al., Association of malaria parasite population structure, HLA, and immunological antagonism, Science, vol. 279, no. 5354, pp. 1173-1177, 1998.

알아보자.

특이점

특이점은 미국의 컴퓨터학자 레이 커즈와일(Ray Kurzweil)이 제시한 개념이다.[50] 특이점은 아래와 같이 설명될 수 있다. 앞에서 설명한 진화의 속도는 점점 빨라지고 있다. 예를 들어, 바퀴(최소한 기원전 3500년경에는 존재)가 발명되고 나서 증기기관(1769년)이 나오는 데는 수천 년이 걸렸다. 이후, 증기기관에 이어서 내연기관(1860년)이 발명되는 데는 백 년밖에 걸리지 않았다. 내연기관이 나오고 자동차(1879년)가 나온 뒤 비행기(1903년)가 나오는 데는 수십 년밖에 걸리지 않았다.

지능과 깊은 관련이 있는 컴퓨터의 경우는 다음과 같다. 바빌로니아에서 사용되었던 인류 최초의 주판으로부터 파스칼과 라이프니츠의 기계적 계산기가 발명되는 데 수천 년이 걸렸다. 톱니바퀴로 구성된 기계적 계산기 이후 전자계산기 또는 컴퓨터가 발명되는 데에는 수백 년이 걸렸으며, 최초의 전자 소자인 진공관 이후 트랜지스터가 나오기까지는 수십 년이 걸렸다. 이후, 트랜지스터를 집적한 집적회로의 발전 속도는 무어의 법칙으로 매 2년마다 집적도가 두 배로 높아지다가, 2000년대에 들어서 황의 법칙으로 매년 두 배로 더욱 빠르게 높아지고 있다.

그런데 트랜지스터의 집적은 전자회로의 물리적 특성에 기인하는 물리적인 한계를 가지고 있다. 한계에 가깝게 다다른 무어의 법칙은 멀티코어 프로세서, GPGPU 등 기존의 소자 발전과는 다른 방법론을 태동시키고 있다. 어쩌면 가까운 미래에는 퀀텀 컴퓨팅, DNA 컴퓨팅 등 전자 소자와는 전혀 다

---

50) R. Kurzweil, The law of accelerating returns, Alan Turing: Life and Legacy of a Great Thinker, C. Teuscher (ed.), pp. 381-416, 2004.

른 방법론이 적용될지도 모른다.

커즈와일은 진화의 속도가 지수적으로 증가한다고 주장한다. 그는 하나의 패러다임에 의한(예를 들어, 무어의 법칙과 같은) 발전이 한계에 다다르면 다른 패러다임이 태동하며, 이로 인해 진화의 속도는 꾸준히 지수적으로 이루어진다고 설명한다.

지능에도 이와 동일한 잣대가 적용된다. 인간의 지능 역시 최초의 도구 탄생 이래 지수적으로 발전해 왔으며(앞에서 설명한, 종이와 연필을 이용한 계산의 속도와 컴퓨터를 이용한 계산의 속도를 생각해 보라), 이러한 지능의 발전은 결국 지능 자체를 향상시키기 위한 기술의 발전을 가져온다는 것이다. 이 시점을 우리는 특이점(technological singularity)이라고 부른다. 그렇다면 조만간 다가올 미래의 인류는 엄청나게 발전된 지능을 가진, 하지만 지금의 인류와는 형태가 다른 인류일지도 모른다. 이는 인간과 기계의 결합일 수도 있고, 도구를 이용하는 인간의 형태일지도 모르며, 어쩌면 영화 <매트릭스>에 나온 것처럼, 인간의 정신만 존재할지도 모르겠다.

지금까지 인간 지능의 진화, 진화의 속도 그리고 이에 기반한 특이점의 도래에 대해 생각해 보았다. 연구가 시작된 지 수십 년이 지난 인공지능 분야는 그동안 꾸준히 발전해 왔으며, 특히 최근에는 그 발전 속도가 점점 빨라지고 있다. 대표적 사례 중 하나인 자동 운전 분야에서는 지난 십여 년간 혁신적이라고 할 수 있을 만큼 커다란 진전이 있었다.

1990년대 초반 인공신경망으로 학습된 ALVINN 시스템은 카메라를 이용하여 길이 150km의 고속도로를 시속 100km로 인간의 도움 없이 무사고로 운전했다. 그로부터 약 10년이 지난 2005년에는 사막의 험난한 도로를 자동으로 주행할 수 있는 인공지능 로봇이 등장했으며, 2년 뒤인 2007년에는 도시에서 신호 대기 및 유턴 등을 자동으로 하며 목적지를 찾아갈 수 있는 기술이 개발되었다. 이러한 발전 속도라면 수십 년 뒤에는 자동으로 운전하는

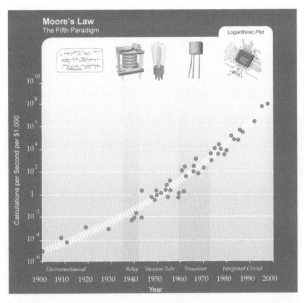

그림 2.17 전기 및 전자 소자의 지수적 발전 속도. 가로축은 각 소자가
등장한 년도를 나타내며, 세로축은 성능을 로그 척도로 표시하고 있다.
(http://en.wikipedia.org/wiki/Technological_singularity에서 발췌)

자동차가 도심을 가득 메울지도 모르겠다. 이때에는 자동운전 차량이 발생한
사고에 관한 법적인 문제, 그리고 윤리적인 문제가 더 심각한 문제로 떠오를
것 같다.

컴퓨터 그래픽스의 새로운 도전_성준경

컴퓨터 그래픽스는 이제 컴퓨터를 사용하는 많은 일반인들에게 너무나 친
숙한 단어가 되었다. 컴퓨터를 새로 구입할 때에는 그래픽스 카드가 컴퓨터
게임을 무리 없이 구동할 수 있는 충분한 사양을 갖추었는지를 확인하는 일
이 매우 중요해졌으며, CG라는 말로 표현되는 그래픽스 특수효과는 영화를
만들 때에 반드시 거쳐야 할 독립적인 과정이 되었다. 이렇듯 컴퓨터 과학의

한 이론적인 분야로 시작된 그래픽스는 이제 일반인들에게 컴퓨터 게임이나 (컴퓨터 애니메이션을 포함한) 영화의 특수효과를 위한 학문으로 한정하여 생각하기도 한다.

컴퓨터 그래픽스는 우리 일상생활과 매우 밀접하게 연관되어 있다. TV를 틀면 광고 속에서 무수히 많은 그래픽스 특수효과를 볼 수 있으며, 영화뿐만 아니라 TV 드라마에서도 그래픽스는 중요한 비중을 차지하고 있다. 또한 컴퓨터 게임이나 플레이스테이션, XBOX와 같은 콘솔 게임 분야는 이미 큰 시장을 형성하였고, 앞으로도 꾸준히 발전될 신성장 분야로 간주되고 있다. 이처럼 우리의 일상생활에 깊숙이 들어온 컴퓨터 그래픽스는 현재 큰 변혁의 시기를 맞고 있다. 컴퓨터 하드웨어의 발전과 더불어 영화나 게임과 같은 엔터테인먼트 산업과의 결합이 이러한 변화를 주도하고 있다. 이 글에서는 컴퓨터 그래픽스 분야가 이러한 변화에 어떻게 부응하며 새롭게 도전하고 있는지를 살펴보고자 한다.

기하 모델링

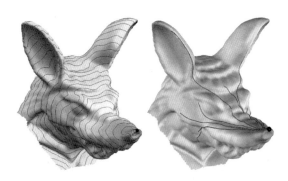

그림 2.18 곡면 위의 점에서 최단거리 곡선 계산

이 분야에서는 3차원 물체를 컴퓨터로 표현하는 방법론과 표현된 물체의 다양한 기하학적 처리에 관련된 문제들을 다룬다. 3차원 물체의 바깥쪽 면을 부드러운 곡면을 사용해서 표현하며, 현재는 삼각형들의 집합인 메시(mesh) 표현이 가장 많이 사용되어지고 있다.

일반적으로 삼각형의 수를 늘리면 표면을 더 부드럽게 표현할 수 있지만 계산량이 늘어나는 단점이 있다. 이러한 방법으로 컴퓨터는 그리고 싶은 물체를 모델링하거나 표현된 물체를 기하학적으로 계산한다. 그림 2.18에서는 3차원 곡면 위의 한 점으로부터 곡면을 따라 최단 거리를 가지는 곡선(geodesic)을 구하는 예제를 보여준다.

애니메이션

컴퓨터 애니메이션은 3차원 물체의 움직임을 다루는 분야이다. 즉, 컴퓨터 애니메이션은 시간에 따른 3차원 물체의 변형을 자연스럽게 표현하거나, 휴먼 캐릭터의 동작을 사실적으로 생성해내는 방법론 등을 연구한다(그림 2.19[51] 참조).

컴퓨터 애니메이션에서는 무엇보다 물체의 변형이나 동작의 생성이 매우 사실적으로 표현되어야 한다. 따라서 최근에는 물리 시뮬레이션에 기반을둔 애니메이션이 많이 연구되고 있다. 그림 2.20[52]에서는 액체의 혼합현상을 물리 시뮬레이션을 거쳐서 컴퓨터 애니메이션으로 재현하는 예제를 보여준다.

그림 2.19 휴먼 캐릭터의 동작 생성

51) Kwang Won Sok, Katsu Yamane, Jehee Lee, and Jessica Hodgins. Editing dynamic human motions via momentum and force. The ACM SIGGRAPH / Eurographics Symposium on Computer Animation (SCA 2010), 2010.

52) Nahyup Kang, Jinho Park, Junyong Noh, Sung Yong Shin. A Hybrid Approach to Multiple Fluid Simulation using Volume Fractions. Computer Graphics Forum, Volume 29, Number 2, 685-694, May 2010.

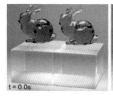

그림 2.20 물리 시뮬레이션 기반 액체 혼합 애니메이션

렌더링

렌더링 분야에서는 컴퓨터를 통해 마치 사진을 보듯이 사실적인(photo-realistic) 이미지를 생성하는 것을 목표로 한다. 따라서 이 분야에서는 빛의 성질에 관한 연구가 많이 이루어지고 있으며, 이들 특성을 컴퓨터로 해석하고 재생산해내기 위한 방법론들이 주로 개발되고 있다. 극사실적으로 이미지를 생성하기 위해서는 많은 계산 시간이 필요하다. 이 분야에서는 이미지의 사실적인 성질은 거의 손상하지 않으면서 계산량을 대폭 줄일 수 있는 알고리즘의 개발에 많은 노력을 들이고 있다. 최근에는 실제의 사물로부터 만화나 캐리커처와 유사한 형식의(nonphoto-realistic) 이미지를 생성하는 연구가 부수적으로 이루어지고 있다.

이미징

디지털 카메라와 휴대전화 카메라의 보급으로 디지털 형태의 사진을 포토샵과 같이 디지털 이미지를 가공하는 소프트웨어를 사용하여 손쉽게 얻을 수 있다. 컴퓨터 이미징(imaging)은 디지털 이미지를 얻거나 가공하는 방법론을 다루는 분야이다. 이미징은 두 이미지를 합성하거나, 하나의 이미지로부터 다른 이미지로 변형시키는 등 디지털 이미지를 가공하는 문제를 다룬다. 일례로, 그림 2.21[53)]에서는 한 이미지에서 특정 부분을 제거하고, 인터넷에

---

53) James Hays and Alexei Efros, Scene Completion Using Millions of Photographs, ACM Transactions on Graphics

그림 2.21 디지털 이미지 특정 부분 제거 후 다른 이미지를 사용해 완성하는 예제

있는 많은 이미지들을 사용해서 원본의 제거한 부분을 완성하는 예제를 보여준다.

새로운 도전

최근 컴퓨터 하드웨어의 발전과 엔터테인먼트 산업의 성장으로 인해 그래픽스의 주요 연구 내용들도 새로운 변화에 부응하며 진화하고 있다. 여기에서는 컴퓨터 게임이나 영화의 특수효과 등 컴퓨터 그래픽스가 새롭게 도전하고 있는 분야에 대해 살펴보자.

게임

3차원 그래픽스 알고리즘과 컴퓨터 하드웨어의 발달로 인해 복잡한 3차원 물체들을 실시간에 렌더링하고 프로세싱하는 기술이 급속히 발전하고 있으며, 이들이 엔터테인먼트 산업과 맞물려 오늘날 컴퓨터 게임의 발전을 더욱 가속화시키고 있다. 1961년 서덜랜드의 스페이스워[54]를 시작으로 최근 스타크래프트2까지 컴퓨터 게임은 꾸준히 인간을 위한 엔터테인먼트의 중심에 있었으나, 최근 그 발전의 양상은 향후 게임의 미래가 어떻게 될지 예측하는

(SIGGRAPH 2007). vol. 26, No. 3.
54) 최초의 컴퓨터 게임이라고 알려져 있다.

것이 쉽지 않을 정도로 급속히 이루어지고 있다. 하지만, 기술의 발달에도 불구하고 인간이 경기하는 컴퓨터 게임의 본질적인 요소들은 크게 바뀌지 않을 것이다.

컴퓨터 하드웨어의 발달이 현재와 같이 지속된다고 가정했을 때 가까운 미래의 게임은 어떤 형태로 발전할까? 아마 <스타트랙>이나 <아바타>와 같은 영화 등을 통해서 본 것과 같이 궁극적인 사실감을 바탕으로 한 가상 체험이 핵심이 될 것이다. <스타트랙>에서는 우주선 승무원들의 휴식이나 엔터테인먼트, 그리고 재활 등의 목적을 위해서 홀로덱(Holodeck)이라고 하는 홀로그래픽 환경 시뮬레이터가 등장한다(그림 2.22 참조). 사용자는 홀로덱을 통해서 현실과 유사한 가상환경을 제공받고 실제와 구분하기 힘들 정도로 사실적인 주위 캐릭터들과 상호작용하면서 가상 체험을 즐길 수 있다. 또한, <아바타>에서는 가상의 캐릭터와 모든 신경망을 연결함으로써 자신이 가상의 캐릭터를 완벽히 조종할 수 있는 시스템을 선보였다(그림 2.22 참조). 이들 가상체험을 기반으로 한 컴퓨터 게임은 다음의 기술 요소들이 기본이 될 것이다.

사회적 관계 구축: 기본적으로 인간은 사회적 동물로서 게임을 통해서도 여러 사람과 어울려진 사회적 관계 구축이 중요할 것이다. 잘 짜인 사회적 관계 안에서 게임 속 캐릭터가 더욱 현실과 가까워질 수 있을 것이다.

오감을 모두 사용: 현재 컴퓨터 게임은 시각, 청각을 기본으로 사용하고 있으며 햅틱 디바이스(Haptic device) 등을 사용하는 경우 촉각까지 사용할 수 있다. 하지만, 미래의 게임은 미각이나 후각 등 인간의 모든 감각을 활용함으로써 사용자로 하여금 실제와 구분하기 힘든 정도의 가상 환경을 제공할 것이다.

개인화된 맞춤형 환경: 각각의 게임 사용자에게 맞추어진 주위 환경, 지도, 캐릭터, 주위 인물 등을 제공함으로써 사용자의 몰입을 극대화할 수 있는 시스템을 제공할 것이다.

그림 2.22 영화 〈스타트랙〉의 홀로덱(왼쪽)과 영화 〈아바타〉(오른쪽)

특수효과

영화로 대표되는 실사 영상에 있어서 컴퓨터 그래픽스는 특수효과를 생성하는 데 기여하였다. 영화에서 특수효과는 매우 사실적인 장면을 만들어내는 것이 중요하다. 컴퓨터 그래픽스는 영화의 특수효과뿐만 아니라 인간의 무한한 상상을 보여주기 위해 많은 영역에서 사용되고 있다.

일반 2D 영화에서 그래픽스를 사용한 특수효과는 1970년대부터 사용되었다. 초창기 <스타트랙>이나 <스타워즈>와 같은 많은 영화들에서 특수효과를 사용하였지만, 완전한 3D 그래픽스를 사용해서 만들어진 최초의 영화는 1982년 디즈니 영화 <트론>이었다. 이 영화에서는 20분 이상의 3D 그래픽스 효과가 사용되면서 영상 매체에서 그래픽스가 효과적으로 사용될 수 있음을 입증하였다. 1986년 픽사가 세워지면서 그래픽스는 실사 영화의 특수효과뿐만 아니라 컴퓨터 애니메이션 영화를 만드는 데까지 발전하게 된다. 이 당시 픽사에서 만든 렌더맨(Renderman) 소프트웨어는 현재에도 많이 애용되고 있다.

영화 특수효과 분야에서 빼놓을 수 없는 회사가 ILM(Industrial Light and Magic)이다. 1977년 조지 루카스 감독이 스타워즈를 만들면서 설립한 ILM 회사는 많은 영화들에서 특수효과를 담당하였다. 1985년 <젊은 셜록 홈즈>라는 영화에서는 최초로 그래픽을 실사 배경에 입혀서 새로운 캐릭터를 만들어냈으며, 1989년 영화 <어비스>에서는 수중 생명체를 사실적으로 표현하면서 오스카 영화상을 받기도 하였다. 1991년 그래픽 특수효과의 새로운 장을 열었다는 평가를 받는 영화 <터미네이터2>도 ILM의 도움으로 만들어진 작품이었다. 이 영화에서 ILM은 최초로 완전한 디지털 캐릭터를 선보였으며, 이후 할리우드는 그래픽 특수효과를 가미하는 새로운 방식으로 영화를 제작하게 된다. ILM은 1999년 조지 루카스 감독의 <스타워즈 에피소드 1>로 또 한 번 세상을 놀라게 하였다. 이 영화에서 ILM은 2000개 이상의 디지털 그래픽 효과를 만들어내었으며, 이는 지금까지 최대 규모의 그래픽 특수효과가 사용된 영화로 기록되고 있다.

눈부신 성장을 하고 있는 그래픽 특수효과 분야에서 우리는 다음에 무엇을 기대할 수 있는가? ILM의 데니스 뮤렌(Dennis Muren)은 '실제로 존재하지는 않지만 사실적인 디지털 캐릭터들을 만드는 일'에 대해서 강조한 바 있다. 일례로 <스타워즈 에피소드 1>의 '자자 빙크스(Jar Jar Binks)'는 사진의 화질에 육박할 정도로 사실적으로 표현된 최초의 디지털 캐릭터였다. 또한, 영화 <매트릭스>에서는 실제 사람들은 할 수 없는 액션을 디지털 휴먼 캐릭터들을 통해서 구현해 내기도 하였다. 이제 기술의 한계로 인해 만들 수 없는 영화는 점점 사라지고, 오히려 인간의 상상력의 한계가 새로운 영화 제작의 가장 큰 걸림돌로 작용하게 되었다.

마지막으로 영화 <아바타>를 통해서 일반인들에게도 친숙해진 3차원 영화 기술에 대해서 살펴보자. 3D 영화를 보면 관객들은 물체의 깊이를 느낄 수 있는 화면을 보면서 환상적인 느낌을 얻는다. 컴퓨터 그래픽스에서는 이미 스테레오 영상이라는 기술을 통해서 3D 동영상에 대해서 많이 연구되어 왔다. 즉, 기본적으로는 두 개의 카메라를 시점을 달리한 채로 촬영하고 특수

안경을 낀 상태로 영상을 바라보면 물체의 깊이를 느낄 수 있으므로 관객은 입체감을 느낄 수 있다는 사실에 기반하고 있다. 3D 영화는 원리가 간단하기 때문에 이미 1950년대부터 이미 제작된 적이 있다. 3D 영화는 촬영할 때에 두 개의 렌즈가 있는 특수 카메라를 사용해야 하고, 극장에서는 3D 영사기와 3D 안경을 구축하기 위한 시설투자 비용이 만만치 않아서 최근까지 활성화되지 못하였다. 이렇게 답보상태를 계속하다 2009년 말 3D 영화인 <아바타>가 대대적인 성공을 거두자 영화 산업계는 방향을 전환해서 상당히 적극적으로 3D 영화 제작에 나서게 되었다. 또 한편으로는 보통 영화처럼 일반 카메라를 사용해서 2D 영상을 찍은 후에 2D 영상을 3D로 전환하는 후보정 기법도 많이 사용하고 있다.

지금까지 컴퓨터 그래픽스의 주요 연구 분야, 그리고 새로운 변화에 대응해 진화하고 있는 도전 분야들에 대해서 간략하게 살펴보았다. 그래픽스는 수십 년 동안 많은 발전을 이루어오면서 이제 엔터테인먼트를 비롯한 산업 전반에 걸쳐 매우 중요한 역할을 담당하고 있다. 컴퓨터 게임과 영화 산업에 있어서 컴퓨터 그래픽스는 없어서는 안 되는 존재가 되었으며, 이들의 영향력은 앞으로도 계속 커져 갈 것으로 생각된다.

앞으로는 현실과 구분하기 힘든 정도의 가상현실 시스템이 등장할 것이며, 이는 비단 엔터테인먼트뿐만 아니라 심리 치료, 재활, 범죄 예방 트레이닝 등 그 응용 범위를 예상하기 힘들 정도로 많은 분야에서 활용될 것이다. 이제는 기술의 발달이 가져다줄 환상적인 경험을 즐기는 것을 넘어서, 이로부터 생길 수 있는 예상 밖의 윤리적, 사회적 문제들을 함께 고민해야 할 시기인지도 모르겠다.

임베디드 시스템과 IT 융합기술 − 영화 〈매트릭스〉를 통해_길아라

2010년 전 세계적인 주목을 받으며 상영되었던 디지털 영화 <아바타>는 3차원 공간을 완벽하게 재현하여 관객들에게 호응을 얻고 영화사적으로 한 획을 그었다는 평가를 받았다. 그런데 이 영화의 탄생에 앞서, 만든 이에게 모티브를 제공하여 이 영화를 세상에 존재하게 한 다른 한 편의 기념비적 작품이 있다. 바로 <매트릭스>이다.

'임베디드 시스템'이란 무엇인가?'에 대해 공학적, 전문적 용어를 사용하여 설명하기 앞서, <매트릭스>가 당시 어떤 열풍을 몰고 왔었는지 잠시 짚고 넘어가자. 그리고 영화 속에 등장한 각종 IT 기술들이 실제로 가능한 것인지, 또 미래에 어떤 모습으로 구현될지 하나씩 살펴보기로 하자.

그림 2.23 영화 매트릭스의 포스터

1999년 여름, 워쇼스키 형제가 만든 <매트릭스>라는 한 편의 오락 영화는 전 세계를 '매트릭스 신드롬'에 빠뜨렸다. <매트릭스>에 대한 뜨거운 반응은 2, 3, 4편으로 완결될 때까지 식을 줄 몰랐고, 인문학자와 철학자들은 <매트릭스>와 '매트릭스 현상'을 다룬 전문서적[55]까지 출판하였으며, 또한 이 영화는 2010년 현재 시점의 컴퓨터 그래픽 기술수준을 상징하는 디지털 영화 <아바타>의 탄생에 모티브가 되었다.

그렇다면 <매트릭스>의 무엇이 그토록 전 세계 다양한 연령층의 사람들을 열광하게 만들었을까? 철학적 논점은 '현

---

55) 슬라예보 지젝 외, 『Matrix & Philosophy(매트릭스로 철학하기)』, (이운경 역, 서울: 한문화), 2003.

실'과 '가상'의 참과 거짓에 대한 인간 본능의 원초적 질문으로서 플라톤의 이데아 사상과 아리스토텔레스의 형이상학까지 거슬러 올라가겠으나, 같은 질문에 대한 컴퓨터 학도들의 관심은, 인간으로 하여금 프로그램된 '가상세계'를 현실로 착각하게 하는, '인간에 의한, 인간 사회의 제어'가 실제 기술적으로 구현 가능한가에 집중되었다.

임베디드 시스템이란 무엇인가

'임베디드'란 사전적인 의미로는 '(단단히) 박다, 끼워 넣다', '파견하다', '(다른 절 속에) 절을 끼워 넣다, 내포절을 넣다'라는 의미가 있다[56]. 특히 컴퓨터 분야에서의 '임베디드 시스템'이란 특정 목적의 동작을 수행하기 위해 설계된 특수 컴퓨터 시스템으로서 대개 실시간성의 제약을 받는 연산을 수행한다.[57] 다시 말하면, 임베디드 시스템이란 하드웨어 및 기계 부품을 외부에 노출되지 않고 내장된 형태로 장착하여 사용자가 원하는 작업을 수행하도록 제어하는 특수 목적의 컴퓨터 시스템을 말한다.

임베디드 시스템에서 사용자가 원하는 작업을 수행할 수 있도록 시스템을 제어하기 위하여 하드웨어는 마이크로 컨트롤러(micro-controller) 또는 디지털 신호 프로세서(digital signal processor, DSP)를 하나 이상의 주 프로세서 코어(main processor core)로 사용한다. 또한 제어 프로그램은 초기에는 ROM에 특정 목적용 펌웨어(firmware)를 기억시켜 사용하였으나 최근에는 다양한 응용 프로그램을 개발하거나 기존의 범용 컴퓨터를 사용자가 원하는 목적의 동작을 수행하도록 하기 위하여 특별히 감량시킨, 끼워 넣기에 아주 적당한 크기의 마이크로 커널(micro-kernel)을 사용한다. 그러므로 대부분의 임베디드 시

---

56) Oxford Acvanced Learner's English-Korean Dictionary, Oxford University Press 2008.

57) 위키백과사전.

스템은 경제적인 크기의 메모리로 동작할 수 있다. 따라서 임베디드 시스템은 개발 난이도가 낮으며 개발 속도가 매우 빠르다는 특징을 가진다.

대표적인 임베디드 시스템의 적용 예는 [그림 2.24]에서 구분하고 있는 것과 같이 매우 다양하고 쉽게 적용할 수 있다. 우리는 이미 임베디드 시스템 기술의 발전 덕에 다양한 디지털 기기를 즐기고 있다.

활동분야	적용 예
정보가전	Digital TV, 인터넷 냉장고
정보단말	휴대폰, PDA, 무전기, eBook
통신장비	교환기, 기지국 제어기
항공/군용	비행기, 군용 전자통신장비, 전자 제어 무기
물류/금융	POS단말기, ATM단말기
차량/교통	엔진 제어, 네비게이션, ITS제어기
사무	전화기, 프린터, 팩스, 스캐너, 복합기
산업/제어	산업용 로봇, 공장제어
의료	심전도 측정기, 생명 유지 장치, 자세 제어기
게임	아케이드 게임기, 콘솔게임기, 게임보이

그림 2.24 임베디드 시스템의 적용 예

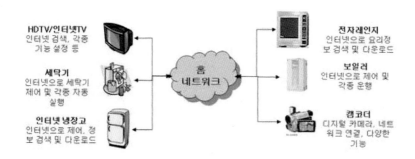

그림 2.25 임베디드 시스템 예 - 정보가전

그렇다면, 영화 <매트릭스>에서 완벽하게 제공하여 누리고 있는, 인간에 의한 인간의 임베디드 시스템화는 정보 기술(IT, Information technology) 기반의 임베디드 하드웨어 기술이나 소프트웨어 기술만으로 실현할 수 있는가?

정보기술(IT) 기반의 융합 기술

영화 <매트릭스>에서 주인공 '네오'에게 진정한 현실세계가 있음을 알려준 '모피어스'는 네오에게 일종의 뇌수술을 실시한다. 이 수술이 바로 네오에게 특수 프로세서를 장착하여 네오를 바이오 임베디드 시스템으로의 변환하는 작업이다. 그들은 네오의 머리에 장착된 하드웨어 접속 장치를 통하여 과거에 접해 본 적도 없는 쿵푸 프로그램을 뇌세포에 입력시켜서 고난도의 대련도 할 수 있고, 각종 총기류를 잔뜩 몸에 지닌 채 벽을 딛고 움직이거나, 마치 날듯이 고층 건물 사이를 자유자재로 뛰어다니는 등 초인적인 육체 능력을 발휘하게 만든다.

<매트릭스>에서 보여주는 이러한 바이오 임베디드 시스템은 컴퓨터 그래픽의 도움으로 완성된 장면일 뿐이다. 실제로 이러한 기술은 [그림 2.26][58] 에서 나타나듯이 바이오기술(Biotechnology, BT)과 나노기술(Nano technology, NT), 정보기술(IT), 인지과학(Cognitive Science, CS) 기술을 융합하여 발전하고 있다. 이와 같이 다양한 분야의 신기술을 융합하여 기술의 '다양성 안에서의 연합성(unity in diversity)'은 21세기 인류가 당면한 에너지 고갈 문제, 물 부족 현상, 인구 노령화에 따른 질병과 건강 등에 관한 문제처럼 한 가지 분야의 기술만으로는 해결할 수 없는 문제를 풀기 위해서 여러 방면의 과학자들이 뭉친 결과 시도되었다.

---

58) 홍순형, "융합기술이 우리 삶을 풍요롭게 한다", 매일경제, 2008. 5. 12.

"융합기술이 인간의 삶의 질을 향상시킨다."
21세기 인류

나노기술
바이오 기술
인지 과학
정보 기술

그림 2.26 21세기 인간 생활과 융합기술의 관계

바이오기술(BT)은 유전자 치환이나 세포융합 등에 관련된 생체기능 자체를 응용한 기술에 의하여 자연에는 극히 미량밖에 존재하지 않는 물질을 대량으로 생산하는 등에 이용하는 신기술을 일컫는다. 바이오기술을 기반으로 인간의 뇌 세포와 인간 육체의 운동 능력, 정신력 등의 비물질적 분야에 대한 과학적 분석과 이의 응용에 대한 연구가 있어야 할 것이다.

나노기술(NT)이란 원자나 분자 정도의 작은 크기 단위에서 물질을 합성하고, 조립 제어하며 혹은 그 성질을 측정하고 규명하는 기술로서 일반적으로는 크기가 1~100 나노미터(10^{-9}meter) 범위인 재료를 대상으로 한다. 특히 인체의 신비를 밝히기 위한 나노기술의 응용은 물리학 및 재료 공학도들의 과학적 헌신이 이루어진다면 가슴이 설렐 만큼 획기적인 결과를 얻을 수도 있다.

우리는 이 흥미진진한 바이오기술과 나노기술의 발전이 정보기술을 기반으로 이루어질 수밖에 없다는 사실에 주목해야 한다. 다시 말해 융합이란 근본적으로 컴퓨터 신기술을 각 분야에 적용하는 것이라는 의미이다.[59] 컴퓨터 기술은 원래 융합하기 위해서 태어난 학문이다. 융합이란 새로운 학문의

---

59) 김진형, "의식 있는 컴퓨터공학자가 국가적 의사결정 기구에 참여해야",
   http://profjkim.egloos.com/1757021

탄생이 아니라, 정보기술을 기반으로 풀어야 할 문제일 뿐이다.

모든 학문 분야에서, 연구 결과에 대한 분석조차 정보통신 기술을 사용하지 않고 할 수 있는 일이 별로 없다. 매일 홍수처럼 쏟아지는 데이터(data)를 분석하여 쓸 만한 정보(information)로 만들고, 그 정보들을 원하는 목적에 따라 가공처리하여 새로운 지식(knowledge)으로 만드는 과정 전반에서 반드시 정보기술이 동원되어야 한다. 인지과학(Cognitive Science) 또한 컴퓨터 기술의 핵심 분야 중 하나이다.

인간의 뇌에 특수 외장 하드웨어를 장착함으로써 새로운 목적의 바이오 임베디드 시스템을 구축할 수 있고, 인간이 '자가 학습'을 통해서 프로그램 된 지식 이상의 능력을 갖추어, 누구라도 슈퍼맨이나 스파이더맨 같은 초능력자가 될 수 있다면 이는 상상만으로도 매우 신나는 일이다. 하지만 현실에서는 인간을 대상으로 삼기 어렵기 때문에 임베디드 시스템 로봇에 적용될 것이다. 누구나 어릴 적 한 번쯤은 꿈꾸었던, 나 자신이 초능력자로 바뀌는 상상이, 컴퓨터 기술과 정보기술을 기반으로 하는 신기술 융합에 의해서 한 걸음씩 현실로 다가서게 한다.

어쩌면 인간은 모두 무지개를 좇으며 꿈을 꾸는 존재들인지도 모른다. 신의 영역에 감히 다가가다 저주를 받은 바벨탑처럼, 과학과 공학 기술이라는 또 하나의 바벨탑을 쌓고 있는지도 모른다. 또한 '창조'라는 신기루를 향해 미친 듯이 달려가다 좌절하고 또 일어서기를 반복하며, 그래도 가야만 하는 길이기에 스스로 길을 닦으며 달려가고 있다. 앞선 이들이 꾸었던 꿈이 뒤따르는 이들에게는 현실로 펼쳐지리라는 희망을 품고, 꿈과 현실을 잇는 다리를 놓아야 한다는 책임을 짊어진 채, 이 순간에도 우리 컴퓨터 공학도들은 연구실에서 컴퓨터와 씨름하며, 인류의 미래를 풍요롭게 바꾸기 위해서 끊임없이 달려가고 있다.

03

소프트웨어 전문가의 길

소프트웨어 아키텍트

생동하는 컴퓨팅 환경

소프트웨어 엔지니어

증권회사의 IT 전문가

피플 비즈니스와 소프트웨어

정보보안 전문가

게임 개발자

정보검색 전문가

대학에서 컴퓨터를 전공하면, 졸업 후엔 어느 회사에 가서 어떤 일을 하게 될까? 이것이 장래에 컴퓨터 관련 분야의 전공을 선택하여 진학하려는 중·고등학교 학생들이 가장 궁금해 하는 점일 것이다. 또한 대학에서 컴퓨터를 전공하는 학생들도, 구체적인 취업 분야와 취업 후 하게 될 실제 업무에 대해 자세히 알지 못하는 경우가 있다.

제1부와 제2부에서 살펴보았듯 컴퓨터는 여전히 진화 중이며, 그 응용 분야는 점점 더 넓어지고 있다. 이미 개발되고 상품화되어 널리 이용 중인 휴대전화를 예로 들면 안정성과 사용 편리성 강화, 새로운 기능의 추가, 더 빠른 처리속도 등 부가가치를 높이는 하드웨어와 소프트웨어의 개발이 꾸준히 지속되고 있다. 스마트폰과 같은 새로운 형태의 기기의 부상에 따라 소프트웨어에 대한 요구는 더욱 커지게 된다. IT 분야에 직접 연관된 기업이 아니더라도, 급변하는 경영환경 속에서 효율적으로 회사를 운영하고 업무를 추진하기 위해 컴퓨터 관련 인력의 수요도 끊임없이 발생할 것이다.

제3부는 대학에서 컴퓨터를 전공한 후에 진출할 수 있는 산업 분야를 소개하는 장이다. 금융·증권, 시스템 통합(System Integration, SI), 전자회사, 휴대전화 개발 분야, 정보검색, 보안, 게임 등 다양한 분야의 전문가들이 자신의

일에 대해 생생한 이야기를 들려준다. 물론 여기에 등장하는 산업 분야는 전산학도가 졸업 후 나아갈 수 있는 여러 분야의 일부일 뿐이다. 국내뿐 아니라 나라 밖으로 눈을 돌리면 미국, 일본, 캐나다 등 해외 여러 나라에서의 취업 기회도 다양하다. 우리나라를 소프트웨어 강국으로 만들어갈 많은 젊은이들의 적극적인 도전이 요구된다.

소프트웨어 아키텍트

(주)인포레버컨설팅 IT컨설팅사업본부장 서경석

내가 전자계산학을 전공으로 선택할 수 있었던 용기는 새로운 분야에 대한 호기심과 도전정신에서 나왔다. 요즈음 대학 컴퓨터 관련학과의 명칭이 컴퓨터공학과로 바뀌었는데, 당시에는 전산과라는 이름이 대부분이었다. 1970년대에 컴퓨터라는 최첨단 분야의 학문에 도전하는 것은 파격적인 일이었다. 코볼, 포트란, PL/I, 알골 등 이름도 생소한 새로운 컴퓨터 언어를 배우고, 밤을 새우며 프로그램을 만들던 기억이 아직도 생생하다.

수치해석·자료구조·데이터베이스·알고리즘·컴퓨터 구조 등 고학년으로 올라가 더욱 깊이 있는 컴퓨터 전문지식을 배우게 되면서, 하루빨리 졸업하고 취업하여 근사한 전산실에서 일하며 능력을 발휘하고 싶다는 열망은 더욱 커져 갔다. 세월이 흐르며 나는 프로그래머로 출발해 소프트웨어 아키텍트(Software Architect)라는 직함을 거쳐, 현재 기업의 업무와 정보기술을 연결하고 관리하는 '엔터프라이즈 아키텍트'로 활동하고 있다.

지금까지 살아온 인생에서 황금기를 꼽으라면 유능한 프로그램 개발자로 인정받으며 일했던 30대 초반부터 소프트웨어 아키텍트로서 왕성하게 활동한 40대 초반의 기간을 들 것이다. 그 무렵의 나는 아무리 어려운 과제가 부여되어도 두렵지 않았고, 오히려 어려운 업무일수록 그것을 즐기며 열정적으로 일하였다. 그러한 경험을 발판으로 IT부서의 총괄 관리자가 되고, 기관의 IT정책을 개발·적용하는 수석 아키텍트라는 직함을 얻었다.

소프트웨어 아키텍트라는 직업은 일반인에게 낯선 것일 수 있다. 소프트웨어 아키텍트는 소프트웨어 개발을 관장하는 전문 직종이다. 이들은 소프트웨어의 전체 모습을 결정하는 책임자로서 시스템을 개발하고, 프로젝트를 성공적으로 완수하기 위하여 조정하고 관리하는 일을 한다. 최근 관련기관에서 발표한 바에 따르면 한국의 소프트웨어 아키텍트(이하 '아키텍트'로 칭함)는 현재 200명 안팎으로, 연봉은 평균 7천만 원 가량이며 억대의 연봉을 받는 사람도 다수 있다.

소프트웨어 직업군은 프로그래머와 아키텍트로 구분되는데, 아키텍트는 정보기술 분야에 있어 최근 들어서야 비로소 일반화되었다. 프로그래머는 직접 소프트웨어 프로그램을 작성하는 데 반해, 아키텍트는 소프트웨어에 필요한 계획과 정책을 수립하여 이를 실행하고, 소프트웨어의 전체 구조를 조정하며, 소프트웨어 전반에 영향을 미치는 주요 사항을 결정한다. 이러한 구분은 건축물 제작에 있어 건물의 설계를 맡는 건축설계사와 토목공사를 직접 시행하는 토목기사의 역할이 이분되는 것에 비유할 수 있다. 아키텍트는 건축 분야의 건축설계사와 같이 프로그램을 직접 작성하지 않는 대신 전반적인 구조를 설정하는 역할을 한다.

프로젝트가 계획한 대로 원만히 수행되도록 관리하는 직책을 프로젝트 관리자라 한다면, 소프트웨어 아키텍트는 소프트웨어 전체 내용의 방향을 설정하고 밑그림을 그리는 소프트웨어 관리자이다.

큰 규모의 소프트웨어 프로젝트를 성공으로 이끌어 내기 위해, 아키텍터는 전체적인 관점에서 방향을 제시할 수 있는 능력을 갖추어야 한다. 소프트웨어 아키텍트의 결정에 따라 소프트웨어 개발이 원활해지기도 하고, 어려워지기도 한다. 소프트웨어의 아키텍처(architecture, 구조)가 부실하면 프로젝트는 성공하기 어렵다.

그렇다면 아키텍트가 설계하는 소프트웨어 아키텍처란 무엇인가. 이는 프로그램이나 컴퓨터 시스템을 만드는 소프트웨어의 구성요소와 이 구성요소들 사이의 관계를 정의한 시스템의 구조를 일컫는다.

좀 더 쉬운 이해를 위해 우리에게 익숙한 도시 건설을 예로 들어보자. 도시를 건설할 때 필요한 가장 중요한 자료가 무엇일까? 많은 것들이 필요하겠지만, 앞으로 건설할 도시의 설계도는 그중에서도 없어선 안 될 중요한 자료이다. 영화나 대중매체에서 유수의 기업으로부터 설계도를 훔쳐내는 산업스파이에 관한 내용이 자주 다루어지는 것을 보아도, 설계도의 중요성은 쉽게 느낄 수 있을 것이다.

소프트웨어 아키텍처는 도시 건설에 앞서 전체 계획 내용을 청사진에 담듯, 앞으로 구축하게 될 시스템 또는 소프트웨어에 관한 모든 내용을 전체적인 관점에서 표현하여, 프로젝트 참여자 또는 기업 구성원 등이 쉽게 내용을 이해하고 개발 시에 기준으로 사용할 수 있도록 한다. 또한 시스템 전체의 일관적인 설계 및 개발 방침을 제시하여, 시스템 개발 과정에서 생겨나는 다양한 문제를 해결한다.

소프트웨어 아키텍트는 프로그래머보다 한 차원 높은 관점에서 시스템 전체를 바라보는 시각을 기르고 소프트웨어 아키텍처에 관한 전문성을 획득하여, 십 년에서 이십 년, 그 이상의 오랜 기간 동안 현장에서 전문가로 활동할 수 있는 장점이 있다. 아키텍트는 기술력의 바탕 위에 시스템 개발에 관련한 제반 업무에 대한 깊은 이해를 지녀야 한다. 대학에 입학해 컴퓨터를 전공한 뒤, 사회에 진출하여 몇 년간 프로그램 개발에 종사하면, 이후 그간 공부한 이론과 실무의 경험을 폭넓게 활용할 수 있다.

소프트웨어 아키텍트로서 내 인생의 스승은, 수년 전에 타계한 피터 드러커 교수이다. 국내에서도 널리 읽힌 『프로페셔널의 조건』의 저자인 드러커 교수가 들려주는 '인생을 바꾼 7가지 지적 경험'은 21세기를 살아가는 우리 지식근로자들에게 훌륭한 교훈을 준다.

드러커 교수는 독일 함부르크에서 견습생 신분으로 일을 배우던 무렵, 고대 그리스의 조각가 페이디아스(Pheidias)에 대한 글을 읽고 '완벽'의 의미를 되새기게 되었다고 한다. 페이디아스는 기원전 440년 무렵에 활동하며 오늘날 미술사에 남은 유명한 작품을 만든 위대한 조각가이다. 페이디아스가 많은 사람들로부터 칭송받던 당시에, 작품을 의뢰한 아테네의 한 재무관이 대금의 절반만을 그에게 지불한 일이 있었다. 재무관이 페이디아스에게 "당신은 아테네에서 가장 높은 언덕에 있는 신전의 지붕을 장식할 조각을 만들었소. 주민들은 조각의 앞면만을 볼 뿐, 누구도 뒷면은 볼 수 없소"라고 말했다. 조각을 완성한 것은 사실이나, 보이지 않는 부분에 대해서는 비용을 지불할 필요가 없다고 주장한 것이다. 이 말을 들은 페이디아스가 대답하였다.

"아무도 볼 수 없다고? 당신은 틀렸소. 하늘의 신들은 다 볼 수 있다오."

자신이 업무를 수행할 때 어떤 자세로 임하는지 돌아보자. 부족함이 드러나거나 누군가가 자신의 실수를 눈치 채지 않기만을 바라며 행동하거나 일한 적은 없었는가? 페이디아스의 일화는 어떤 일을 할 때 오직 신만이 본다 하더라도 신 앞에 떳떳할 만큼 완벽을 추구해야 한다는 사실을 우리에게 말해준다.

드러커 교수는 사람들로부터 자신이 쓴 책 중 어느 것이 최고라 생각하느냐는 질문을 받으면 "이 다음에 나올 책이지요."라고 대답했다 한다.

나는 요즘 무엇을 하든 최선을 다하여 신에게 부끄럽지 않을 만큼의 '완벽'을 지향했던 드러커 교수의 삶과 교훈을 되새기며, 지금까지 다룬 적이 없는 새로운 영역으로 나의 전문성을 넓히기 위한 준비를 하고 있다.

21세기는 지식사회이며 지식근로자의 시대이다. 어느 회사에서 일하느냐가 중요한 것이 아니라, 어느 분야의 전문가로 살아가느냐가 더 중요한 시대인 것이다. 좋아하는 일에 도전하여 최선을 다하고, 그 분야의 전문가로 인정받으며 오랫동안 활동할 수 있다면 그보다 더 현명하고 행복한 삶은 없을 것이다.

생동하는 컴퓨팅 환경

삼일 PwC 컨설팅 이사 홍석우

현대사회의 컴퓨터 환경은 어떻게 바뀌어 왔고, 또 어떻게 바뀌어 갈까? 변화하는 컴퓨터 환경에서는 사용자가 컴퓨터를 사용하기 편리하도록 변화된 소프트웨어가 필요하다. 이 글은 컴퓨터 환경의 빠른 변화를 서술하고, 또한 이에 발맞추어 더 편한 세상을 만들어 온 소프트웨어 산업 종사자들의 숨은 노력을 소개한다.

내가 컴퓨터를 전공으로 선택하여 대학에 진학한 것은 1985년이었다. 당시 국내에서는 삼성과 금성(지금의 LG)이 대형 가전회사로서 위세를 떨치고 있었고, 컴퓨터 분야에서 IBM의 대형 컴퓨터와 DEC사의 중형 컴퓨터 VAX가 양대 산맥을 이루고 있었다. IBM의 대형 컴퓨터와 VAX 중형 컴퓨터는 그 시절 안방에서 볼 수 있었던 장롱만큼 거대한 크기를 차지했다.

처음 프로그램을 접했을 당시에는 그것을 사용하는 일이 매우 힘들었다. 프로그래머는 현재처럼 모니터에 프로그램을 입력하고 수행시키는 것이 아니라 펀치카드로 프로그램을 완성해야 했다. 프로그래머가 펜을 사용하여 프로그램 작성용 용지에 프로그램 코드를 적어 키펀처에게 넘겨주면, 키펀처는 타자기와 유사한 천공기를 이용하여 OMR카드처럼 생긴 펀치카드에 구멍을 뚫고 프로그래머에게 되돌려준다. 프로그래머는 펀치카드를 원하는 순서대로 정렬한 후에 대형 컴퓨터에서 수행시키기 위해서 프로그램 오퍼레이터에게 전달한다. 오퍼레이터는 펀치카드의 묶음 단위로 컴퓨터에 수행시키고 수행 결과를 프린터로 찍어서 출력지와 펀치카드 묶음을 다시 프로그래머에게 돌려준다.

당시의 컴퓨터는 자료를 0과 1의 배열로 읽기 위해서 펀치카드를 사용하였다. 구멍이 숭숭 뚫린 펀치카드가 밝은 빛이 나오는 광원과 광센서 사이를 한 장씩 통과할 때, 카드에 구멍이 있어 빛이 통과하여 광센서가 빛을 인식하면 1로, 그렇지 않으면 0으로 인식한다. 이러한 방법으로 프로그래머는 자신이 입력한 문자와 글자를 일련의 0과 1로 펀치카드에 기록하고 컴퓨터의 입력장치에서 광센서가 0과 1로 읽은 후 컴퓨터에게 프로그램을 전달한다. 이렇게 프로그램이 컴퓨터에 완료되면 비로소 프로그램이 실행되었다.

천공입력 방식은 한 번 사용하여 구멍이 생긴 카드를 재사용할 수 없고, 컴퓨터가 카드를 한 장씩 읽는 방법으로는 빠르게 읽을 수 없으며, 프로그램 하나를 실행하려면 반드시 키펀처의 도움을 받아야 하는 등 여러 가지 단점이 있었다. 그리하여 이 방법은 입력과 동시에 내용을 확인할 수 있는 모니터가 보편화되면서, 프로그래머가 키보드를 이용해 직접 입력하는 현재의 작업형태로 바뀌게 되었다.

소형 컴퓨터 분야에서는 지금의 데스크톱 PC 형태를 갖춘 애플(Apple)사의 애플 컴퓨터가 세상에 선을 보이고, 이후 IBM사가 개인용 컴퓨터 XT를 필두로 AT를 출시하며 본격적인 개인 컴퓨팅(Personal Computing) 시대의 서막이 열렸다. 나날이 치열해지는 경쟁 속에 IBM사가 PC산업에서 손을 떼고 떠난

그림 3.1 1980년대 초반에 유행한 애플 컴퓨터(왼쪽)와 1980년대 중반에 유행한 IBM XT

뒤, PC시장은 CPU를 설계하는 인텔(Intel)사가 주도하게 되었다. 인텔은 너무나 잘 알려진 386 컴퓨터를 거쳐 일련의 펜티엄 시리즈에 사용되는 최첨단 CPU를 내놓으며 PC 전성시대를 열었다.

내가 처음 개인 컴퓨터로 사용한 제품은 IBM XT였다. 당시 국내 모 자동차회사에서 출시한 소형승용차의 가격이 약 4백만 원이었는데, IBM XT 컴퓨터 가격이 2백여만 원이었으므로 이는 무척 비싼 가격이었다. 그리고 그토록 고가의 PC를 구입하여 내가 가장 자주 사용한 용도는 다름 아닌 게임이었다.

요즘은 초등학생도 워드프로세서 프로그램인 '한글'을 능숙하게 사용하지만, 컴퓨터 사용자가 많지 않던 당시에는 워드프로세서만 다룰 줄 알아도 전문가 대접을 받을 수 있었다.

당시 PC 운영체제는 MS-DOS와 PC-DOS로 양분되었다가 몇 년 후에 MS-DOS로 운영체제가 하나로 통합되었다. 과거에는 저작권에 관한 개념이 부족했던 탓에 소프트웨어 복제가 불법이라는 인식이 없어서, 컴퓨터 가격은 하드웨어 가격으로 결정되었다. PC용 소프트웨어는 하드웨어 판매자가 복제에 복제를 거듭하여 함께 제공하였기 때문에, 소프트웨어는 하드웨어를 구입하면 응당 무상으로 따라오는 번들로 생각되었다.

IBM XT로 출발한 PC가 AT(286), 386 컴퓨터로 발전하면서 IBM PC의 운영체제도 MS-DOS의 텍스트 중심 환경에서 그래픽 중심의 윈도(Windows) 환경으로 바뀌어 갔다. 이러한 시기인 1990년대 초에 '삼성 SDS'에 입사하여 삼성전자 전산실에서 근무를 시작하였다. 내가 입사할 당시는, 국내 가전 시장을 금성전자와 양분한 대형 회사

그림 3.2 도트 프린터

인 삼성전자가 세계 굴지 기업이 되겠노라는 야심을 품고 반도체 양산을 막 시작한 때였다.

당시의 입사동기 중에는, 지금까지 회사에 남아 근무를 계속하고 있는 이들도 많지만, 또 다른 큰 꿈을 품고 벤처기업을 만든 사람들도 있다. 내가 일하던 전산실에서는 당시 IBM 대형 컴퓨터 중 가장 고가이며 성능이 좋은 기종(ES 9000)을 사용하였고, 우리는 코볼(COBOL)이라는 프로그램 언어를 주로 썼다. 당시 컴퓨터는 수억을 호가하는 고급 기종이었지만 출력은 소음을 내며 연속하여 점을 찍는 방식으로 글자와 그림을 만들어내는 도트(dot) 프린터 수준에 머물러 있었다. 1분 동안 고작 A4 용지 2, 3장을 간신히 출력할 수 있었던 도트 프린터는 찍찍거리는 불쾌한 소음을 냈기 때문에 주로 소규모 회사에서 가장 말단사원 자리 가까이에 배치되곤 하였다.

프로그램에서 많은 용량의 데이터를 보관하려면 데이터베이스(DB)를 사용해야 한다. 내가 속했던 팀에서는 당시 유행하던 ADABAS라는 네트워크 DB와, H-DB인 IMS DB를 사용하다가 점진적으로 DB2라고 하는 관계형 DBMS로 교체하였다.

이해를 돕기 위해 컴퓨터의 연결 구조에 관해 간략하게나마 살펴보기로 하자. 1980년대 초까지는 대형 컴퓨터에 여러 단말기를 직접 연결한 형태로 사용하였다. 이때는 대형 컴퓨터가 눈부시게 발전하는 시기였다. 1980년대 후반에 들어서면 대형 컴퓨터의 발전 속도는 눈에 띄게 더디어지는 데 반해, 개인 컴퓨터의 성능은 눈부시게 발전한다. 그 이유는 바로 집적회로 기술(Integrated Circuit, IC)이다. IC는 처음 하나를 만들어내기는 어렵지만, 일단 만들고 나면 이후부터는 제조원가가 낮아 저비용으로 대량생산이 가능하다. 즉 IC의 설계는 비싸고 힘들지만 IC 복제생산은 아주 저렴하다. 대량생산하면 단가가 내려가기 때문에, 한 대의 대형 IBM 컴퓨터를 사용하는 대신 여러 대의 중대형 컴퓨터(Mini-Computer)를 선호하게 되고, 다시 수백 대의 중소형 PC를 선택하는 분산화 과정이 진행되었다.

1990년대에는 통신기술의 발달이 컴퓨터 분산화에 일조하게 된다. 편집기의 기능만 하던 더미 터미널이 사라지고, 성능이 대폭 개선된 PC를 단말기로 사용하기 시작했으며, 통신규약을 이용하여 네트워크로 연결된 서버와 접속해 사용하는 클라이언트-서버(Client-Server) 형태가 등장하기 시작했다.

값비싼 대형 컴퓨터 중심의 엔터프라이즈 컴퓨팅(Enterprise Computing) 환경이 미니컴퓨터(Mini-Computer)와 PC 중심의 개방형(Open) 환경으로 넘어오면서, 다양한 소프트웨어 회사의 신규창업과 IT 기업들의 호황이 이어졌다.

삼성전자의 A/S 업무 프로그램의 유지보수를 1년가량 담당해 오던 나는, 당시로서 파격적인 시도였던 경영진을 위한 사내경영정보 시스템(EIS)인 삼성전자 마케팅 시스템 구축 프로젝트에 참여하게 되었다. EIS는 세 가지 장치로 가동하도록 설계되었다. 주 기종은 한국전자통신연구소(ETRI)에서 설계한 중대형 컴퓨터(Server)이고, 보조 기종은 국내 대기업에서 개발한 국산 서버인 주전산기Ⅱ 기종인 타이콤(Ticom)이며, 사용자는 윈도 3.1(Windows 3.1)을 탑재한 486 PC를 이용하였다. 전체적으로 비주얼 베이직(Visual Basic)을 프

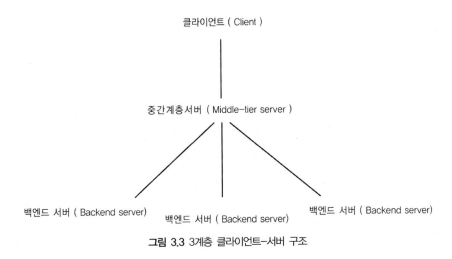

클라이언트 (Client)

중간계층서버 (Middle-tier server)

백엔드 서버 (Backend server)   백엔드 서버 (Backend server)   백엔드 서버 (Backend server)

그림 3.3 3계층 클라이언트-서버 구조

로그램 언어로 쓰고, 데이터베이스 관리시스템(DBMS)은 오라클(Oracle)을 선택했다.

삼성전자 전산실은 젊은 사원들을 주축으로 하여 이러한 구조를 처음으로 적용하였다. 평소 데이터베이스에 관심이 많았던 나는 그곳에서 데이터베이스 설계와 시스템 운영을 맡았고, 프로젝트 관리자가 세 명의 비주얼 베이직(Visual Basic) 개발자를 관리하며 프로젝트가 진행되었다. 팀이 조직된 후 우리는 무엇이든 할 수 있다는 젊은 혈기로 대부분의 기술을 새로 배우고 익혀가며 일하였다. 이런 방식은 외부에서 바라보는 시각에 무모하게 비춰지기도 했지만, 1년여의 시간이 흐르자 우리가 작업한 프로그램들이 서서히 윤곽을 드러내기 시작했다.

이들의 성능을 실제로 확인해 보니, 새로 개발된 시스템이 요구된 성능을 발휘하지 못하고 있는 것을 알 수 있었다. 신 개발품이 기존의 대형 컴퓨팅 환경보다 우수한 사용자 인터페이스를 가졌음에도 불구하고, 서버 및 네트워크 PC 환경이 미성숙하여, 그로 인해 도리어 성능이 낮아진 것이었다.

우리의 목표는 그림으로 사용자가 쓰기 편한 화면을 제공하는 GUI(Graphic

User Interface) 환경을 구축하고, 이와 동시에 모든 사원이 사내업무 프로그램인 EIS(Executive Information System)를 구동시켜 자신의 업무를 진행하도록 하는 것이었다.

우리는 삼성전자에서 갓 생산한 16메가 메모리를 장착한 486 PC를 사용하였는데, 속도를 향상시키기 위해 개당 20만 원에 이르는 메모리 3개를 추가하여 64메가로 확장하여 사용했다. 지금의 관점에서 볼 때, 방대한 데이터가 요구되는 사내업무 프로그램과 GUI 환경을 64메가의 메모리 환경에서 구동시킨다면 과욕이라고 말할 것이다. 하지만 앞에서 말한 PC가 당시로서는 매우 고급사양이었기 때문에, 원하는 기능을 발휘할 수 있으리라는 기대감으로 프로젝트에 임했고, 결국 고생 끝에 프로젝트를 성공적으로 마칠 수 있었다.

클라이언트/서버가 새로운 패러다임으로 정착된 후, 이 구조를 뒷받침하는 다양한 하드웨어와 소프트웨어가 출시되었고, 수많은 소프트웨어 업체가 나타나고 성장하였다. 이와 더불어 네트워크 속도 및 안정성의 중요성이 사회적 이슈가 되었고, 네트워크 업체와 보안업체가 출현하였다. 클라이언트/서버 환경에서 사용자는 다양하고 편리하게 그래픽 환경에서 시스템을 사용할 수 있게 되었다. 다만 초기 클라이언트/서버 세대에서는 일반인이 서버로 접근하기가 어려워서 클라이언트/서버 구조는 기업용으로 각광받았다.

클라이언트/서버 구조에서 나타났던, 서버로 접근하기 어려운 문제는 2000년대 들어 웹 환경 기반을 통해 극복되었다. 1990년대가 인터넷이 확장되고 성장하는 시대였다면, 2000년대는 인터넷이 만개한 시대이다. 과거에는 책을 사야만 접할 수 있던 정보가 인터넷에 공개되고, 전보다 사용법이 간단해진 PC는 더 이상 전문가만을 위한 도구가 아니라 일반인도 쉽게 사용하는 장치로 인식이 바뀌었다. PC에 프로그램을 설치하고 사용하는 방법은 일반인들이 혼자서도 익힐 만큼 쉬워졌고, 컴퓨터가 심각하게 고장이 나거나 바이러스에 오염됐을 경우에 비로소 전문가에게 도움을 청하게 됐다. 이제 인류는 컴퓨팅의 도움을 받아 생활하는 시대를 살고 있다.

이제는 프로그램 개발자가 단말기를 제작하지 않고도, 스마트폰을 단말기로 사용하여 복잡한 업무를 처리하는 적용 프로그램을 출시할 수 있으며, 자신이 만든 프로그램을 다수의 사용자가 다운로드 받아 사용할 경우 이에 따른 수익 창출도 할 수 있게 되었다. 프로그램 개발자의 입장에서 이 체계는 1990년대 말 불었던 벤처 투자 열풍에 이은 제2의 전성기로 인식되고 있다.

현재 국내 IT 분야, 특히 소프트웨어 분야의 환경은 선진국에 비해 상대적으로 열악하다. 이는 소프트웨어를 공짜 상품으로 여겼던 과거의 나쁜 습관이 장애물로 남아 있는 탓이라 여겨진다. 또한 제3세계 국가들로부터 저임금의 소프트웨어 인력을 이용하기 쉬워졌지만, 고수준의 분야에서 일할 고급 엔지니어가 부족한 양극화 현상도 일어나고 있다. 다시 말해, 일정 수준 이상의 기술을 갖춘 소프트웨어 기술자라면 많은 기업으로부터 환영받는 상황이다.

오늘날 기업의 컴퓨터 환경관리자는 복합적이고 전문적인 기술과 지식을 갖출 것을 요구받고 있다. 모든 기업에서 컴퓨터는 외부 비즈니스 및 내부 경영에 꼭 필요한 요소가 되었으며, 앞으로 컴퓨팅 인프라의 경쟁력이 곧 조직의 경쟁력으로 평가받을 만큼 그 중요성은 더욱 커질 것이다.

모쪼록 컴퓨터를 전공하는 전산학도와 지망생 모두가 다방면에서 폭넓고 깊이 있는 지식을 쌓아, 여러분을 필요로 하는 각 분야의 다양한 현장에서 유감없이 실력을 발휘하길 빈다.

소프트웨어 엔지니어

숭실대학교 컴퓨터학부 교수 이남용

나는 이 글에서 국내외의 소프트웨어 인재양성 정책을 진단하고, 우리나라의 소프트웨어 인재양성을 위한 방안을 생각해 보려고 한다. 이 글은 소프트웨어 엔지니어 양성의 중요성에 대한 우리나라와 미국의 여러 저술과 자료를 토대로 하였다.

국부의 원천은 시대별로 바뀌어왔다. 농경사회에서는 토지가, 산업사회에서는 높은 공장 굴뚝으로 상징되는 기계기술이 국부의 원천이었다면, 오늘날에는 지식을 포함하는 소프트웨어인 지식정보가 국부의 원천이라 할 수 있다. 선진국들은 국제사회에서 국가경쟁력의 핵심이 소프트웨어라는 사실을 인식하고, 지식정보 시대의 군사적·경제적 세계 패권을 차지하기 위해 다각적이고 강력한 소프트웨어 인재양성 프로그램을 추진하고 있다.

국내외의 소프트웨어 업계가 인력부족을 호소하는 것은 잘 알려진 사실이다. 소프트웨어 인력 확보의 문제는 값싼 저수준 인력의 부분과 고급 인재의 부분으로 나뉘는데, 전 세계적으로 특히 부족한 부분이 고급 프로그래머 인력이다. 고급 소프트웨어 인재라 함은 국가기술사, 석사학위 취득 후 7년 이상의 경력 소지자, 박사학위 취득 후 3년 이상 경력의 고급 기술자를 의미한다. 이들은 시스템 엔지니어, 소프트웨어 엔지니어, 대형 프로젝트 관리자, 분야별 핵심기술자로 활동한다.

미국의 유수한 소프트웨어 전문기관인 MITRE는 SRI International, NASA, Aero Space Corporation, IBM, TRW, CSC, Boeing, Ford, HP 등 미국의 주요 기업과 연구소들이 일반 시스템 엔지니어, 고급 소프트웨어 엔지니어, 고급 프로젝트 매니저 책임을 맡을 소프트웨어 인재가 부족하여 경영에 어려움을 겪는다는 진단을 내린 바 있다.

고급 소프트웨어 인재를 양성하기 위해 미국에서는 다양한 프로그램이 시행되고 있다. 예를 들면 카네기멜론 대학의 소프트웨어공학연구원(SEI)에서는 전자상거래시스템, 소프트웨어엔지니어링 등의 다양한 교육 프로그램을 제공하며, 미 국방성 산하의 NDU(National Defense University)에서는 프로젝트 관리자 프로그램을 제공하고 있다. 또한 미국의 대기업들은 대부분 자체적으로 특성화된 고급 소프트웨어 인재양성 프로그램을 운영한다.

미국 대학의 소프트웨어 관련학과의 정원은 3년(1995~1997) 사이에 두 배로 증가하였는데, 특히 메릴랜드 주정부의 경우 소프트웨어 인재에 대한 폭발적 수요에 대응하기 위해 대학 소프트웨어 관련학과의 정원확대를 요구하는 프로그램(MAITI Project)을 추진할 만큼 절박하게 이루어지기도 하였다.

미국 소프트웨어 산업의 대표기업들인 IBM, Microsoft, CISCO Systems의 경우, 전체 직원의 70~90%가 소프트웨어를 전공한 인재들이다. 이들 기업들은 부족한 소프트웨어 인력을 인도, 중국, 대만 등으로부터 적극 유치하고 있다.

우리나라 역시 고급 소프트웨어 인재에 대한 수요와 공급의 격차는 매우 심각하다. 많은 국책 전문기관들이 향후 10년간 국내 소프트웨어 인재의 수요를 연간 4만여 명씩 40여만 명으로 추산하고 있다. 정보통신정책연구원(KISDI)은 향후 10년 동안 국내 소프트웨어 인재는 전문학사 및 학사 급에서 13만 명, 석사 및 박사급에서 1만 명씩 총 14만 명이 부족하게 될 것이라고 예상하고 있다. 한편 교육과학기술부의 발표에 따르면, 대학을 나오지 않은 저급 소프트웨어 종사자의 수급은 상대적으로 원활할 것으로 예상된다.

교육과학기술부는 국내 대학과 선진국 대학과의 연계 프로그램 개발을 권장하며, 소프트웨어 인재의 양성, 특히 다양한 학문을 융합할 수 있는 능력을 지닌 인재의 육성을 요구하고 있다. 싱가포르의 경우 싱가포르대학과 미국

MIT대학이 연계 운영하는 국제협력 프로그램을 개발하여 운영한다. 싱가포르대학은 MIT대학 강사진의 원격교육과 실시간교육을 채택하여 고급 소프트웨어 인재를 효과적으로 양성하고 있다.

지식경제부도 소프트웨어 분야의 인력, 특히 고급 인력의 양성이 매우 긴요한 것으로 판단하고, 여러 교육기관에서 소프트웨어 전공자의 수를 늘리며, 민간교육기관의 소프트웨어 전문교육을 확대하기 위해 우수 민간학원을 MIC정보기술아카데미로 선정하여 국제 수준의 교육기관으로 육성하는 정책을 추진 중이다. 또한 매년 우수연구센터(ITRC)를 지정하여 각 대학의 소프트웨어 분야 우수인력 양성을 지원하고 있다.

그렇다면 우리나라의 소프트웨어 인재의 종류를 알아보자.

첫째, 기초인력은 실업고, 전문대학, 대학 출신의 인력이다. 정부는 기초인력의 효율적인 양성을 위해 소프트웨어 특성화고교를 지원하며, 대학교의 소프트웨어 관련학과를 증설하고 산업체 실무자들이 대학에서 그들의 경험을 강의할 수 있도록 지원하고 있다.

둘째, 고급인력은 대학원의 석·박사 과정을 마친 인력이다. 정부는 고급인력 양성을 위해 대학원연구중심사업(BK21), 우수연구센터(ITRC, ERC, RRC 등) 지원, 해외 장학지원 사업을 추진하고 있다.

셋째, 산업인력은 산업체에서 직접 활용할 수 있는 인력을 말한다. 정부는 다수의 민간교육기관을 선정하여 교육을 지원하며, 이 민간교육기관들은 비전문가의 전환교육도 실시하고 있다. 또한 사이버대학 설립사업에서 강의자료 개발을 지원하고, 우수 민간교육기관을 선정하여 MIC IT 아카데미로 지정해서 육성하고 있다.

넷째, 잠재인력은 소외계층을 대상으로 한 교육이나 영재교육을 뜻한다. 정부는 군 장병·노인·여성·장애인 등을 대상으로 컴퓨터 활용교육을 지원하며, 영재육성 지원과 선도 교사 양성사업도 추진하고 있다.

정부가 주도하는 정책은 때로 시장의 방향과 맞지 않아서 실패하기도 한다. 가장 좋은 인재양성책은 산업체가 스스로 인력을 양성하는 것이다. 아직까지 국내 산업은 기업환경이 열악하여 자체적으로 인력을 양성하기에 어려움이 많고, 설령 가능하다 하더라도 고급 전문 인력의 이직률이 높아 지속적인 교육운영을 꺼리는 형편이다. 이러한 이유로 당분간은 대학을 중심으로 소프트웨어 인재육성이 이루어질 전망이다.

증권회사의 IT 전문가

대우증권 IT센터 팀장 변원규

여기에서는 금융 산업 분야의 IT를 소개한다. 금융 산업 중에서도 특히 증권회사는 어떤 IT 전문가를 필요로 하며, 그들이 어떻게 활약하고 있는지, 앞으로는 어떤 활동을 하게 될 것인지를 들려주려고 한다. 금융IT산업은 현재도 유망한 직종이며, 앞으로도 촉망받을 수 있는 분야이다.

증권회사에서의 IT기술과 전문가

금융 산업에서 새로운 방식의 영업 모델을 창출하기 위해서는, 경쟁력 있는 IT전략이 뒷받침되어야 한다. 업무자동화 차원에서 도입되기 시작한 금융 산업 분야의 IT기술은, 이제 금융 산업의 경쟁력을 결정하는 중요한 전략적 자산(Strategic Asset)이 되었다.

증권회사에 IT기술이 적용된 이후 다양한 형태의 자동화가 이루어져, 고객은 자신이 원하는 편리한 방법으로 주식을 거래할 수 있게 되고, 직원들은 각종 응용프로그램을 이용하여 빠르고 편리하게 증권동향을 분석하고 고객의 취향을 파악할 수 있게 되었다.

증권회사에는 한 번의 주식 주문을 내기 위해 많은 처리시스템이 필요하다. 계좌를 개설하기 위한 계좌관리 시스템, 주식 및 금융상품을 거래할 때 입금과 출금을 하기 위한 출납관리 시스템, 주식 및 금융상품 매매 시스템 등이 그것이다. 그리고 이들을 관리하기 위한 각종 데이터베이스 관리와, 증권거래소 또는 타 금융기관과 연결하기 위한 네트워크 관리, 시스템을 최적 상태로 관리하기 위한 시스템 관리, 고객의 정보를 보호하는 보안관리 등을 담당하는 수많은 전문가들이 있다.

비즈니스 프로세스를 실현할 수 있도록 만든 프로그램을 금융응용프로그램이라고 하는데 이 프로그램은 응용프로그래머가 완성한다. 이러한 여러 전문가들에 관해 자세히 살펴보자.

증권회사의 시스템 구성도를 보면 증권회사에서도 많은 분야의 IT 전문가를 필요로 한다는 것을 알 수 있다.(그림 3.4 참조) 먼저 시스템을 설명하고 각 분야의 전문가들을 간단히 살펴본 뒤, 응용프로그래머에 대해 알아보자. 증권회사는 여러 종류의 서버와 시스템들은 유기적으로 연결하여 다음과 같은 고유업무를 수행한다.

- 고객정보 시스템에 고객정보와 거래내역을 기록한다.
- 대외계 전단 처리기(Front-End Processor, FEP)를 통해 증권거래소와 연결하여 주식을 거래하고, 타 은행과 자금이체를 수행한다.
- 시세 FEP를 통하여 주식가격 정보를 전달받고, 각종 뉴스사이트로부터 뉴스를 제공받는다.
- 직원은 업무단말을 통해서 업무를 수행하고, 고객은 홈 트레이딩 시스템

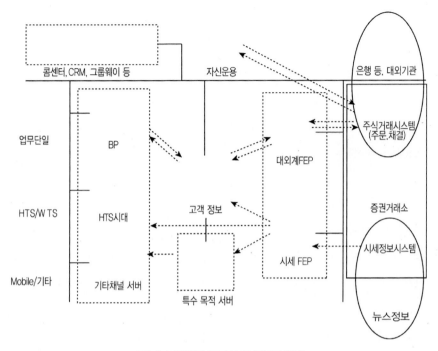

그림 3.4 증권회사의 시스템 구성의 일례

(Home Trading System, HTS)이나 웹 트레이딩 시스템(Web Trading System, WTS), 또는 스마트폰을 포함한 모바일 기기를 통해 주식을 거래하거나 각종 정보를 얻는다.

- 다양한 정보가 목적서버를 거쳐 고객이나 직원에게 전달된다.

시스템관리 전문가

주식주문요청 처리가 지연되면 거래성사 자체가 성립되지 않거나 매매가격이 바뀔 수가 있어서, 증권회사의 업무처리 속도는 매우 중요하고 민감한 문제이다. 이렇게 속도에 민감한 시스템을 만들기 위해서는 다양한 전문가들이 필요하다. 시스템 관리자는 여러 항목의 점검 리스트를 만들고, 작업 처리

속도가 늦어지는 일이 없도록 사전에 필요한 조치를 취해야 한다. 만약 시스템이 다운되면 큰 손해를 입을 수 있으므로, 각 시스템은 이중화 구조를 갖추어야 한다. 만에 하나 동작시스템이 다운되더라도 신속히 백업시스템이 가동되어 사고를 복구하고 연속적으로 업무가 수행되어야 한다.

네트워크 전문가

그림 3.4에서 보듯이 증권회사의 시스템은 거래소와 은행 등 다른 기관들과 연결되어 있으며, 네트워크로 연결된 외부 금융기관의 수는 점차 많아지고 있다. 요즈음 다른 금융기관과의 자금이체는 보편화되었으며, 국외 증권시장과 연결하여 주식을 거래하는 수준에 올라 있다. 이런 환경에서 네트워크는 대단히 중요한 역할을 한다.

네트워크를 효율적으로 구성하기 위해서는 네트워크의 구조 설계가 중요하다. 데이터가 많이 발생하지 않는데 큰 네트워크 시설을 설계하였다면 그만큼 투자 및 유지비용을 낭비하게 되고, 반대로 대용량의 데이터가 발생하는데 네트워크 시설이 이를 감당하지 못한다면 데이터의 흐름이 정체되어 시스템이 원활하게 동작할 수 없다. 수도관에 비교하여 생각해 보자. 많은 물을 사용하는 곳에 좁은 수도관을 쓴다면 물이 제대로 공급되지 않아 불편을 겪을 것이고, 가정집에 대형 수도관을 사용한다면 수도관 설치비용이 지나치게 커지고 유지보수 비용도 필요 이상으로 늘어날 것이다. 따라서 발생할 데이터의 크기를 미리 예측하고 설계하는 전문가의 지원이 반드시 필요하다. 네트워크 관리 전문가는 네트워크가 구성된 이후에도 관리와 운영에 심혈을 기울여 네트워크를 항상 건강한 상태로 유지해야 한다.

데이터베이스 전문가

데이터베이스는 고객의 정보와 각종 거래내용을 체계적으로 보관한다. 데이터베이스는 단순히 데이터를 보관하는 데 그치지 않고, 보관된 정보를 분석하여 고객에게 맞춤형 서비스를 제공하고 주의사항이나 유용한 정보를 제공하는 데에도 쓰인다.

데이터베이스에서 구축한 데이터의 구조에 따라 성능이 좌우되고, 사용하는 고객이나 직원들이 그 구조의 좋고 나쁨을 체감하게 된다. 데이터베이스를 부실하게 설계하면 데이터를 저장하고 꺼내는 과정에서 소요시간 차이가 많이 나게 되어 시스템 전체의 처리속도에 지장을 초래하고, 데이터 저장공간을 낭비하는 경우도 생긴다. 쉽게 말해 물건이 잘 분류되고 정리된 창고에서는 찾고자 하는 것을 쉽게 찾을 수 있을 뿐 아니라 적은 공간만으로도 많은 양을 보관할 수 있지만, 가방에 물건을 마구잡이로 집어넣으면 찾기도 힘들고 많이 넣을 수 없다는 상식과 통한다.

이와 같이 시스템의 고속도로 역할을 하는 주요 자원인 데이터베이스를 설계하고 관리하는 데이터베이스 전문가는 기업이 반드시 필요로 하는 중요한 직책이다.

모바일 전문가

최근 넷북이나 스마트폰을 이용한 무선금융거래가 활성화되기 시작했다. 무선금융 거래는 편리하고 신속하게 업무를 볼 수 있어서 한 번 익히면 유선금융거래를 사용하기 싫을 정도로 중독성이 강하다. 사용자 입장으로서는 매력적인 무선금융거래가 시스템을 설계하고 운영하는 입장에서는 구현하기가 매우 어렵고 까다롭다.

예를 들어 Active X 문제를 알아보자. 사용자가 인터넷으로 거래 사이트에 연결하면 서버는 단말기에 Active X 형태로 보안 프로그램과 같은 추가적인 프로그램을 전달한다. 단말기는 수신이 완료된 후에 금융거래 프로그램을 작동하여 비로소 사용자가 금융거래를 할 수 있다. 불행하게도 스마트폰은 보안상 이유로 Active X를 불허하여 사용자가 자유롭게 다운로드할 수가 없다. 모바일 기기 전문가는 이런 문제들에 대한 해법을 제시해야 할 것이다.

금융기관은 모바일을 상업적으로 가장 많이 이용하는 분야이다. 최근 들어 모바일 기기를 갖춘 고객이 급격히 많아짐에 따라 금융거래, 주식매매, 자금 이체, 소액 결제 등의 모바일 금융시스템에서 많은 고객이 동시에 사용해도 원활히 동작하도록 전산프로그램의 구조를 개선해야 한다. 이 문제는 모바일 전문가들이 열심히 활동해서 풀어야 한다.

보안 전문가

금융회사에서는 네트워크를 통해 고객의 정보가 다루어지고 있으며 많은 금전적 거래가 이루어지고 있다. 만약 네트워크를 떠도는 회사와 고객의 중요 정보를 외부인이 접할 수 있다면 심각한 피해가 발생할 수 있다. 이런 문제를 사전에 방지하기 위해 모든 데이터는 암호화된 상태로 데이터베이스에 저장되거나 네트워크를 이용해야 한다. 또한 외부에 개방된 네트워크에서 외부 해커가 회사 사이트로 접근하지 못하도록 철저한 보안상의 조처를 강구해야 한다.

보안 전문가는 이러한 제반문제를 해결하는 사람이다. 회사는 보안 전문가의 도움으로 보안정책을 수립하고 보안정책이 잘 지켜지는지 수시로 점검하며, 위반사항이 발생하면 보안정책을 수정하거나 업무절차를 개선하여 보안사고가 발생하지 않도록 사전에 감시해야 한다. 특히 금융회사에서 보안이란 기업에 대한 신뢰도와 직결되는 '기업 안보'라고 할 수 있다. 보안정책을 수립하고 준수하기 위해 금융회사는 일정 비율 이상의 보안 전문가를 직원으로 채용한다.

응용프로그램 전문가(응용프로그래머)

응용소프트웨어 개발자는 기업 구성원들이 자신의 업무를 좀 더 빠르고 효율적으로 수행할 수 있도록 응용소프트웨어를 개발하여 지원하는 역할을 한다. 응용소프트웨어가 사용되는 분야로는 회계 관리, 통계처리, 문서결재 프로그램 등이 있다.

응용소프트웨어 개발자는 다음과 같은 자세로 소프트웨어를 개발해야 한다. 첫째, 끊임없이 변화하는 신기술을 적극적으로 공부하고 습득하되, 익힌 지식의 적용은 보수적으로 해야 한다. 둘째, 사용자가 편리하게 사용할 수 있도록 하는 데 최선의 노력을 기울여야 한다. 셋째, 소프트웨어 개발과정에서 발생하는 문제들을 꼼꼼히 점검하고 해결하는 치밀함이 필요하다. 넷째, 관련된 여러 사람들과 원활하게 의사소통해야 한다.

금융기관 및 기업체의 경우 ERP(전사적 자원관리), SCM(전략적 기업경영시스템), CRM(고객 분석 및 관리), 다양한 금융상품의 개발 등 많은 기관에서 e-비즈니스 환경의 구축을 바라고 있으므로, 향후 응용소프트웨어 개발자의 수요도 증가할 것이다. 특히 유비쿼터스 환경에서 점차 다양해지고 까다로워지는 이용자의 요구에 부응하기 위해서는 차별화된 응용소프트웨어 개발을 통한 경쟁력 확보가 기업차원에서 매우 중요해졌다. 앞에서 말한 여러 프로젝트를 성공적으로 마치려면 창의력과 기술력을 갖춘 전문 인력의 확보가 필수적이다.

절대적으로 부족한 금융 융합형 IT 인재

증권회사에서 새로운 금융상품을 만들기 위해서는 경제 분야에 해박한 IT 전문가가 필요하다. 새로운 금융상품을 판매하려면 금융전문가가 설계한 상품을 IT 전문가가 전산시스템으로 구현해야 한다. 이뿐만 아니라 주식시장의 다양한 투자기법을 적용할 수 있는 시장상황분석 프로그램이라든지, 고객의 자산 구성을 평가하고 좋은 구성방법을 알려주는 자산 포트폴리오 구성평가 프로그램, 예기치 않은 금전적인 문제가 발생했을 때에 손해를 최소화하기 위한 자산 리스크 관리시스템 등 금융에 관한 응용프로그램의 종류와 범위는 무궁무진하다. 이러한 프로그램을 경제학 전공자가 직접 만들기도 하고, 또 IT를 전공한 사람이 금융공학 전문가가 되어 만들기도 하는데, 문제는 두 종류의 전문가를 합하여도 전문가의 수가 절대적으로 부족하다는 점이다.

대학에서 경제학을 전공한 사람들의 대다수는 엑셀이나 VBA(Visual Basic for Application)와 같은 한정된 프로그램을 통해 결과를 검증한다. 이러한 단순한 자료는 실제 거래에서 중요한 역할을 하는 리스크관리나 한도관리를 포함할 수 없기 때문에 이러한 자료만을 믿고 거래를 결정하기는 곤란하다.

IT 전공의 신입사원 중에는 시스템 프로그램 기법을 많이 알고 프로그램을 잘 작성하는 것이 최고라고 오해하는 사람이 많다. 코딩 실력을 갖추는 것은 중요한 일이나 이는 수단일 뿐이지 목표는 아니다. 목수가 좋은 집짓기를 목표로 삼아야지 톱질 잘하기를 목표로 삼아서야 되겠는가. IT 전문가가 경제에 능통하면 그 인재의 가치는 엄청나게 높아진다. 예를 들어 채권에 대해 잘 아는 IT 전문가, 금융상품 또는 주식 매매에 관해 해박한 IT 전문가, 펀드에 대해 잘 아는 IT 전문가는 흔치 않아서 말 그대로 어디에서나 '귀하신' 대접을 받는다.

전문적으로 펀드를 운용하는 '르네상스테크놀로지'사의 사장인 제임스 사이먼스는 세계에서 연봉을 가장 많이 받는 사람이다. 그는 2008년도에는 28억 달러, 우리 돈으로 무려 3조 7천억 원에 달하는 연봉을 받았다. 르네상스 테크놀로지 직원은 약 200명 정도이다. 제임스 사이먼스는 월가 출신 경제·경영 전문가보다는 수학, 전산학, 통계학 전공자를 중용하여 채용한다고 한다. 이들 직원은 컴퓨터를 사용하여 수익을 예측할 수 있는 모델을 만들고 개선한다. 이 회사는 매일, 심지어 매분마다 컴퓨터 모델을 수행하면서 수익을 올릴 방안을 찾기 때문에 남보다 빠르고 정확하게 투자하고 회수할 수가 있다. 이러한 실력을 바탕으로 이 회사는 수조 원의 월급을 지급하고도 흑자를 유지하고 있다.

미국의 선진 금융기법과 투자기법이 빠르게 발전하는 만큼, 우리나라도 우리 인재와 기술이 필요하다. 금융기법이 발전하며 다양한 금융상품들이 쏟아지고 있으며, 신규 금융상품은 이를 적용시킬 전산시스템을 필요로 한다. 특히 이러한 전산시스템은 오류가 발생하면 즉시 금전적 피해가 생기고, 또 해당 금융기관의 신뢰도를 크게 떨어뜨리기 때문에 대단히 안정된 품질을 요한다.

현실적으로 금융 분야에서 국내 IT 기술수준은 선진국에 비해 낙후된 상태인데, 주된 이유는 IT 기술의 차이가 아니라 IT 전문인의 금융지식 차이에서 발생한다. 그렇다보니 수십억 원을 들여서 응용프로그램을 포함한 금융시스템을 외국으로부터 도입하는 실정이다.

그렇다면 대학에서 IT를 전공한 엔지니어가 경제와 금융에 관한 전문지식을 갖출 수 있는 길은 무엇일까? 경제 및 금융 분야에 종사하게 된 IT 전문가 본인이 원할 경우, 대부분의 기업은 적극적으로 교육을 지원해 준다. 증권사에서는 기본적으로 증권관련 지식을 교육하고, 이후에 경제와 금융에 대한 전문지식을 교육한다.

납기일을 지키려고 분주하게 일하면서 금융교육까지 받아야 하는 직장생활은 생각보다 고되고 힘들다. 하지만 몇 년 고생하여 경제·금융에 대한 지식을 쌓아 훌륭한 복수 전공자가 되면 몸값이 수직상승할 수 있다. 거듭 말하지만 금융기관에서 응용프로그래머의 역할은 아무리 강조해도 지나치지 않을 만큼 중요하다.

피플 비즈니스와 소프트웨어

삼성SDS 인사팀장/상무 유홍준

유난히도 꽃샘추위가 기승을 부렸던 1979년 3월, 당시 전자계산학과 79학번으로 부푼 꿈을 안고 입학했던 때가 엊그제 같은데, 벌써 30년이 지났다. 돌이켜 보면, 대입을 준비하면서 전자계산학을 선택하였던 일과, 캠퍼스에서 전자계산학을 공부하며 보낸 대학시절이 내 인생행로의 중요한 전환점으로 작용하였나 보다. 지금도 그러하지만 전자계산학은 당시 가장 선호하는 학문이었고, 발전가능성이 무궁무진한 영역이었다.

학교를 졸업한 후 나는 삼성SDS에 입사하여 줄곧 현업에서 소프트웨어 개발업무를 수행하다가, 인사부문으로 옮겨와 현재는 나와 같은 길을 걸어갈 후배들을 뽑고, 현장에 배치시키고, 전문가로 성장시키는 인사업무를 담당하고 있다. 이 자리를 빌어 전자계산학을 앞서 전공한 선배로서, 그리고 전자계산학과 관련된 회사의 인사부문을 책임지고 있는 임원으로서 전자계산학에 대해서 내가 가지고 있는 몇 가지 생각들을 함께 나누어 보고자 한다.

내가 대학을 다닐 무렵에 전자계산학은 단순히 프로그래밍 언어를 활용해서 자료를 찾아오고 계산하여 업무를 빠르고 정확하게 처리하는 프로그램을 작성하는 데 주력하였다. 지금의 전자계산학은 데이터의 계산과 처리에 그치지 않고 업무 절차를 개선하고 새로운 형태의 서비스를 창출하는 데에 크게 기여하고 있다. 전자계산학은 전 세계적으로 가장 성장성이 높고 전망이 밝은 학문 중의 하나로서 그 활용분야가 가히 무궁무진하다. 이제는 컴퓨터가 없으면 아무 일도 할 수 없을 정도로 컴퓨터와 더불어 일하고 생활하는 새로운 문화가 형성되었다.

전자계산학이 갖는 가장 큰 매력은 '가능성'이라고 생각한다. 전자계산학은 자신의 창의성을 이용하여 무엇이든지 이룰 수 있는 몇 안 되는 공학 분야이다. 즉, 자신의 능력 하나로 각자가 가진 다양한 형태의 꿈을 이룰 수 있는 산업 영역이다.

삼성SDS에서 겪은 일을 통해 내가 왜 이렇게 생각하게 되었는지를 말하려한다. 삼성SDS는 대형 전산시스템을 만드는 회사로, 그러한 시스템을 만들기위해서 컨설팅도 하고, 시스템 설계도 하고, 개발도 한다. 또한, 개발된 시스템을 맡아서 운영하기도 하고, 관련된 네트워크나 장비 등의 인프라도 지원한다. 이렇게 장황하게 삼성SDS의 업(業)을 이야기하는 이유는 SDS라는 회사보다 삼성SDS가 속한 업계의 속성을 생각해 보기 위해서이다.

삼성SDS의 사람들은 "우리 회사는 전산회사가 아니라 피플 비즈니스(People Business)이다"라고 말한다. 분명히 만 명에 가까운 인력들이 전산과관련된 다양한 업무를 수행하는데, 왜 피플 비즈니스라는 다소 생소한 단어를 쓰는 것일까? 그 이유는 삼성SDS는 바로 사람이 전부인 회사이기 때문이다. 실제로 삼성SDS는 사람을 빼고 나면 아무것도 남지 않는 회사이다. 물론회사 건물도 있고 전산장비들도 있지만, 회사가 가진 본연의 가치에 견주어볼 때 삼성SDS를 구성하는 사람을 제외한다면 현재 회사의 가치는 십분의일, 아니 백분의 일로 평가절하되기 때문이다.

그렇다면 왜 삼성SDS에게는 피플 비즈니스가 중요할까? 진로를 고민하며이 책을 읽는 독자들이 이 말의 참뜻을 꼭 이해하기 바라면서 이에 대해 설명하려 한다. 현대의 산업은 대부분이 자본집약적으로 이루어지고 있다. 즉, 사업을 하기 위해서는 엄청나게 많은 자금이 필요하다. 가장 자본집약적이지 않을 것 같은 농업의 경우를 보더라도 우선 토지를 구매하거나 임대해야 하고, 농사를 짓기 위한 각종 장비를 갖추어야 하고, 상황에 따라서는 온실을 짓거나 특수한 시설을 만들기도 한다. 노동집약적인 농업의 상황이 이러한데, 금융업이나 제조업은 말해서 무엇하랴? 한마디로 말해서 현대의 대부분의 산업은 큰 자본을 들여야만 겨우 업계의 일원으로 진입할 수 있고, 글로벌로 나아가기 위해서는 더 큰 투자가 필요하다.

하지만 소프트웨어와 컴퓨터의 영역에서 대자본의 논리는 잘 통하지 않는다. 컴퓨터업계는 다른 산업분야와 비교할 때 시장진입과 성패를 판가름하는 규칙이 많이 다르다. 대부분의 산업이 자본집약적임에 비하여 전자계산학이 열어가는 산업은 아이디어와 창의성이 지배한다. 물론 한 사람당 한 대의 컴퓨터는 갖추고 있어야 한다. 하지만 이것이 전부다. 그래서 반짝이는 아이디어를 제안하고 이를 창의적으로 개선한 후에 구현해 내는 사람과 기업이 전산분야에서 성공한다. 일례로 여러분이 가지고 있는 휴대전화는 상대방과 통화를 목적으로 개발되었지만, 이제 더 이상 통화의 목적으로만 사용되지는 않는다. 메일을 보내고, 업무도 처리하고, 게임도 하고, 음악을 듣거나 동영상을 보면서 여가를 즐기는 도구로 변모하였다. 무엇이 이러한 변화를 일으켰을까? 그것은 바로 콘텐츠(Contents)이다. 휴대전화에서의 콘텐츠는 쉽게 말해서 '휴대전화로 할 수 있는 것'을 지칭한다. 즉, 메일도 콘텐츠이고, 음악·동영상·게임 모두가 콘텐츠이다.

기술이 발전하면 하드웨어 자체의 차별성은 줄어드는 데 반해서 콘텐츠의 중요성은 더욱 높아진다. 브라운관 TV를 사용하다가 대형 화면의 디지털 TV로 시청했을 때에는 큰 감동을 느끼지만, 수년 후 A사의 디지털 TV를 쓰다가 B사의 디지털 TV로 시청했을 때에 그 전처럼 감동하지는 않는다. TV의 기술

혁신으로 이룩한 화질 개선에 힘입어 콘텐츠에 해당하는 쇼 프로는 더욱 화려해지고 연속극은 더욱더 감동적으로 시청할 수 있다. 그 결과 연속극과 쇼 프로에는 더 많은 제작비를 투자한다. 시청자들이 화려한 화면을 요구하기 때문에 콘텐츠에 비용을 더 많이 투자하게 된다.

다른 예를 들어보자. 컴퓨터의 머리에 해당하는 펜티엄칩을 생산하는 인텔은 10년 전에는 IT분야의 최대기업이었다. 인텔이 오랫동안 최대기업으로 남을 수 없었던 가장 큰 이유가 그들의 주 종목이 CPU라는 하드웨어였기 때문이다. 인텔이 새로운 칩을 생산할 때마다 컴퓨터의 성능은 대폭 개선되었다. 10년 가까이 CPU의 많은 부분에서 개선이 이루어져 이제는 개선할 것이 별로 없으며, 개선이 이루어져도 개선된 효과가 미미하게 되었다. 그 결과 회사는 PC시장의 총아라는 정상의 자리에서 내려왔다. 이들의 노력으로 현재의 PC는 40년 전의 슈퍼컴퓨터보다 더 성능이 좋아졌다. 과거에는 불가능하다 했을 만큼 어려운 계산도 지금의 PC는 척척 해낸다. 하드웨어의 발달로 일이 더 많아진 사람들은 소프트웨어 콘텐츠를 만드는 사람과 소프트웨어와 컴퓨터를 전공한 IT인들이다.

전 세계적으로 가장 크고 성공한 기업들은 대부분 컴퓨터와 관련된 하드웨어와 콘텐츠를 기반으로 성장한 기업들이다. 마이크로소프트가 그러하고, IBM이 그러하고, 최근 아이폰으로 각광을 받고 있는 애플도 마찬가지이다. 그 외에도 구글, 시스코, HP, 썬마이크로 시스템즈 등 이루 헤아릴 수 없을 만큼 많은 굴지의 기업들이 컴퓨터를 기반으로 성장하였고, 앞으로도 성장할 것이다.

최근 위프로(Wipro)나 인포시스(Infosys)와 같은 인도의 소프트웨어 회사들이 글로벌 컴퍼니로 무섭게 성장해 가고 있는 점을 우리는 주목할 필요가 있다. 인도는 자본이 빈약하면서도 가난한 나라이다. 이렇게 가난한 나라의 기업들이 어떻게 세계적인 기업의 반열에 오르고 있을까? 답은 컴퓨터와 관련된 산업이 아이디어와 창의성만 있으면 누구라도 성공하고 기업을 일으킬 수 있는 피플 비즈니스의 영역이기 때문이다. 검색엔진으로 잘 알려진 NHN의 경우도 삼성SDS 내의 벤처포트에서 출발한 회사이다. 10년 전 오직 열정 외엔 가진 것 없던 개발자 몇 명이 아이디어를 짜서 프로그램을 만들고, 모회사의 지원으로 NHN의 초기형태를 만들었다. 지금 NHN은 NAVER라는 이름으로 한국에서 가장 성공한 인터넷 기업이 되었다.

그동안 국내 소프트웨어 산업은 내부적으로 힘을 축적해왔다. 우리나라를 세계 최고의 IT강국으로 만들었고, 우리나라의 전자정부 시스템이 전 세계의 벤치마킹 대상이 될 정도로 높은 수준의 기술역량을 갖추었다. 교통시스템만 보더라도 공항 관제, 철도 운영, 고속도로의 하이패스, 지하철 요금징수, 시내버스 운행정보 등 모든 편의시설과 정보들이 IT를 기반으로 구축되고 있다. 이러한 IT인프라는 세계에서 유래를 찾기 어려울 정도이다. 그리고 이렇게 축적된 기술력을 바탕으로 이제 본격적으로 해외로 진출하고 있다. 이처럼 훌륭한 IT기술을 보유한 우리나라가 아직까지 컴퓨터업계에서 번듯한 글로벌 컴퍼니를 갖고 있지 못하다는 사실이 너무 안타깝다. 그동안 국내에만 머물고 있던 전자계산학이라는 학문이 드디어 글로벌 시장을 대상으로 힘을 발휘할 때가 왔는데 말이다.

최근에 국내 산업계에서는 IT(Information Technology)와 CT(Communication Technology)의 융복합화라는 거대한 패러다임이 자주 언급되고 있다. 내부적으로 탄탄하게 발전해온 정보기술과 통신기술이 결합하여 새로운 비즈니스가 열리고 있는 것이다. 이는 그만큼 할 일도 많고, 성장가능성도 크다는 것을 의미한다.

IT와 CT의 물리적 통합이 유기적 결합으로 결실을 맺게 되는 4~5년 후에는 IT인들이 이루어야 할 일들이 더욱 많아질 것이다. 실제로 글로벌 기업들은 모바일 시장의 패권을 장악하기 위한 소리 없는 전쟁을 벌이고 있다. 그리고 우리나라는 하드웨어의 경쟁력과 IT인프라, 전자정부에 대한 경험, 우수한 모바일 인프라와 이동전화와 같은 휴대기기를 만드는 능력을 보유하고 있어서 새롭게 펼쳐지는 ICT(Information and Communication Technology)업계에서 글로벌 리더로 도약해 나갈 것으로 기대되고 있다. 이러한 배경하에 지금 소프트웨어와 컴퓨터를 전공한 인재들을 확보하기 위하여 치열한 경쟁이 벌어지고 있다.

우리나라의 소프트웨어 및 컴퓨터 관련 산업은 새로운 산업이다. 컴퓨터를 선택한 여러분의 앞에는 무한한 가능성이 놓여 있다. 큰 꿈을 품고 있다면 컴퓨터학부를 노크할 것을 권한다. 제2, 제3의 빌 게이츠와 스티브 잡스가 대한민국에서 나올 것이고, 그중의 한 명이 여러분이 될 수 있다. 여러분들이 세상을 이끌어가는 리더이자 창조자가 되기를 기대한다.

정보보안 전문가

국가보안기술연구소 팀장 홍순좌

이 글에서는 일반인에게 다소 생소한 정보보안 전문가를 소개한다. 인터넷으로부터 시작된 오늘날의 사이버세상을 살펴보면서 정보보안 전문가란 무엇인지 차근차근 알아보자.

사이버 세상

인터넷 기술은 엄밀히 말하면 1990년대 초에 탄생한 월드와이드웹(www) 기술이다. 월드와이드웹이란 지구 전체(worldwide)를 뒤덮은 거미집(web)이란 뜻이다. 이는 거미가 사는 집인 거미집은 거미줄을 얼기설기 엮어서 만들었음에 착안하여, 지구 전체가 거미줄처럼 월드와이드웹(이하 웹)을 이용해 서로 소통할 수 있고, 지구 전체가 하나로 연결될 수 있다는 의미를 가지고 있다. 10년이 지난 지금 인터넷은 세계를 쉽게 여행할 수 있는 가장 중요한 사회자본이 되었다. 웹은 오늘날 너무나 당연하게 받아들여져, 이제는 기술이 아닌 생활과 문화로 정착되었다.

수세기 동안 지속되어 온 우리의 전통적 생활양식은 인터넷이 등장하자 근본적으로 달라졌다. 인터넷은 단지 생활의 편의를 제공하는 것에 그치지 않고 점차 인간관계 형성과 소통 방식에도 변화를 가져오고 있다. 2000년대 들어 지식검색이 대중화되고 온라인 여론이라는 새로운 강자가 태어났다. 사이버 커뮤니티는 종래에 인간관계의 중심축이었던 학연·지연·혈연 중심의 모임이나 동호회가 가진 활동반경의 제약을 허물었다. 이제는 더 나아가 개방·공유·참여를 표방한 쌍방향의 '웹2.0 시대'가 열리고 있다. 이제는 블로그, UCC, 소셜 네트워크 서비스(SNS)와 같은 소셜 미디어로 발전을 거듭하고 있다.

인터넷의 발전은 여전히 현재진행형이다. 오늘날 인터넷은 더 이상 의자에 앉아 컴퓨터를 켜야만 쓸 수 있는 서비스가 아니다. 종래의 유선 네트워크에 무선 네트워크가 추가되면서, 사용자는 이동의 자유를 획득하였다. 또한 사용료가 비싼 이동전용망 대신에 저렴한 무선망을 최대로 사용하여 통신요금을 절감할 수 있는 유무선 네트워크의 통합이 진행되고 있으며, 단말기는 전화 통화 위주의 단순한 형태의 휴대전화에서 전화와 휴대용 컴퓨터를 합한 형태의 '스마트폰'으로 바뀌고 있다.

유비쿼터스화·스마트화가 더욱 발전하면, 깜박 잊고 켜 둔 오디오를 집 밖에서 끄거나 더운 여름날 귀가 중에 미리 에어컨을 가동시키는 일이 보편화될 것이다. 또한 TV를 시청하다가 주인공의 가방이 마음에 들어 즉시 온라인으로 구입한다거나, 식료품이 떨어질 때쯤 냉장고가 알아서 가게에 주문하는 편리한 미래 생활이 실현될 수 있다.

이처럼 필요한 정보와 서비스를 언제 어디서나 실시간으로 제공받을 수 있는 세상, 스마트폰·화상 전화·IP TV·3D 입체영상·DMB·홈 네트워크 등 과거 영화나 상상 속에 존재하던 모습들이 오늘 우리 눈앞에 진열되어 있다.

사이버 세상에도 위험은 있다

사이버 세상의 미래에 밝은 면만 있는 것은 아니다. 정보화의 이면에는 악성 댓글, 스팸메일, 개인정보 유출, 금전적인 범죄목적의 피싱 등 역기능도 만만치 않다. 피싱(phishing)이란 전화를 뜻하는 '폰(phone)'과 낚시의 '피싱(fishing)'을 합성한 단어로, 전화를 이용하여 대상을 낚는다는 의미를 담고 있다. 피싱은 전화로 허위 사실을 이야기하여 송금을 요구하거나 특정 개인정보를 수집하는 사기 수법을 말한다. 또한 사이버 세상에서는 불건전한 정보의 유통이나 개인 사생활 침해와 같은 부작용도 사회문제로 대두되고 있다.

오늘날의 사이버 범죄는 일반인에게 더 이상 낯선 일이 아니다. 최근 사이버 범죄는 현실 세계의 범죄자가 자신의 범죄 영역을 사이버 공간으로 옮기거나 병행하는 추세를 보이고 있다. 과거의 해커들은 범죄목적 없이 재미삼아 사이버 공간에서 말썽을 일으키는 경우가 대부분이었으나, 지금은 인터넷의 익명성을 이용해 사이버 공간에서 범죄를 저지르는 사례가 부쩍 늘어나고 있다.

10년 전에는 외국의 해커들이 우리나라를 자신들의 해킹실력을 시험하고 훈련하는 실습장으로 활용하는 경우가 많았다. 지금과 비교하면 당시 해커들은 천진난만한 장난꾸러기에 불과했다. 이들은 해킹을 일종의 놀이로 생각하고 자신의 실력을 만천하에 알리고자 일부러 흔적을 남겨놓는 경우가 많았다. 장난이 지나친 경우도 있었지만 대부분은 주요 사이트에 침투하여 '홍길

동 다녀가다'라는 식의 낙서를 남기고 사라지는 정도여서 재산적인 피해가 발생하지는 않았다.

최근의 사이버 범죄의 양상은 초창기와는 아주 다르다. 우선 범죄 주체가 개인범죄보다 조직범죄가 많아지고 있다. 폭력조직이 실제 도박장을 인터넷 도박 사이트로 전환하는 것과 같이, 오프라인에서 반사회적 행위를 일삼던 범죄 집단이 사이버 범죄에 개입하고 있다. 또한 사이버 범죄를 저지르기 위하여 범죄 집단을 결성하는 사례도 생겨나고 있다. 사이버 범죄의 수행 주체가 집단으로 확대되면서 이전에는 존재하지 않았던 새로운 형태의 범죄도 생겨나고 있다. 금전적 목적 외에도 경쟁업체 사이트를 해킹하거나 청부를 받아 범죄를 저지르기도 하고, 국가기반시설을 대상으로 사이버 테러나 사이버 공격도 하고 있으며, 그 방법이 날로 고도화·지능화되고 있다.

사이버 범죄의 피해는 개인에 국한되지 않고 사회와 국가에도 영향을 미친다. 영화 <다이하드 4.0>에서 묘사된 것처럼 교통 제어시스템을 해킹하여 교통신호를 조작할 수도 있고, 가스 제어시스템을 원격으로 조정하여 기반시설을 폭파하거나, 댐의 제어시스템을 장악하여 홍수를 유발할 수도 있다. 실제로 2002년 국제 테러단체인 '알카에다'의 교육훈련소에서 댐을 제어하는 시스템에 관한 컴퓨터 자료가 발견되었다고 한다. 이는 사이버 공격을 통한 테러가 실제로 일어날 수 있음을 입증하는 증거이다.

소프트웨어가 더욱 중요

오늘날 정보보안의 핵심은 소프트웨어이다. 스마트폰은 IT 산업의 지각 변동을 일으키고 여러 산업의 융합을 가속화시킬 것이다. 스마트폰과 같은 장치를 구동하고 각종 서비스를 제공하는 것이 바로 소프트웨어이다.

소프트웨어는 컴퓨터에만 필요한 것이 아니다. 오늘날 항공기·선박·자동차 등 선뜻 컴퓨터가 떠오르지 않는 각종 기계장치들에도 실상은 소프트웨어가 중추적 역할을 한다. 만약 자동차에 사용되는 소프트웨어의 보안이 허술하다면 원격조종을 통해 고의로 자동차 사고를 유발할 수도 있다. 항공기의 소프트웨어 보안이 뚫려 사이버 공격을 받는다면, 해커가 의도하지 않았더라도 항공기가 추락하는 사태가 일어날 수 있다. 이처럼 정보보안의 주목적은 소프트웨어가 정상적으로 작동하도록 보호하는 일이다.

정보보안 전문가의 필요성

사이버 세상을 평화롭게 유지하려면 평화를 위협하는 행동에 대해 굳건히 대처해야 하는데, 그 대처방법이 바로 정보보안이다. 정보보안이란 정보의 무결성, 기밀성, 가용성을 유지하기 위하여 권한 없는 접속, 이용, 공개를 금지하고 방해, 변경 및 파괴로부터 정보 및 정보시스템을 보호하는 것을 말한다.

무결성이란 정보가 허락받지 않은 사람에 의해 제멋대로 변경되지 않도록 보장하는 보안기능이다. 기밀성은 허락받지 않은 사람이 정보에 접근하지 못하게 금지하고, 만약 접근하였더라도 정보를 읽지 못하게 보호하는 기능이다. 가용성은 모든 허락받은 사람이 필요할 때에 언제든지 훼방꾼에 의해 방해받지 않고 정보시스템을 사용할 수 있도록 정상상태로 유지하는 보안기능이다.

정보보안 전문가로 가는 길

정보보안은 어떤 목적을 이루는 방법을 제공할 뿐 자체로 목적이 될 수는 없고, 독립적으로 떼어내서는 곤란하다. 정보보안의 주된 대상이 컴퓨터 및 네트워크 관련 정보이므로 컴퓨터 관련 분야가 그 기반이 된다. 컴퓨터에 관한 지식을 갖추지 못하면 정보보안전문가로 대접받기 어렵다. 정보보안에서 자주 쓰이는 암호는 수학에서 나온 특수한 현상을 이용하여 만들어지지만, 수학과 암호에 능통한 사람이라면 암호학 전문가이지 정보보안 전문가는 아니다.

정보보안 전문가에게 가장 기본적으로 요구되는 것은 프로그래밍에 관한 지식이다. 컴퓨터와 네트워크 장비 등을 다루려면 공통으로 사용되는 프로그램에 능통해야 한다. 특히 C 언어와 자바를 꾸준히 익혀 익숙하게 사용할 수 있어야 한다. 그리고 서버와 네트워크, DB 등을 관리하기 위해서는 각각의 방면에서 사용되는 특수 용어를 알아야 한다.

먼저 서버를 다루려면 시스템 운영체제를 이해하고 있어야 한다. 각 서버의 규모나 운영방향 등에 따라 MS 윈도(Windows), 유닉스(UNIX), 리눅스(LINUX) 등이 사용된다. 보안 프로그램은 운영체계에 따라서 상이한 프로그램 기법이 쓰이기 때문에 정보보안 전문가는 OS에 대한 충분한 지식을 갖고 있어야 한다. 컴퓨터를 연결하는 네트워크는 현대 정보 시스템의 주요 요소이다. 정보보안은 네트워크라는 세상에서 진행된다. 네트워크 기반의 프로그램을 작성하려면 통신규칙(프로토콜)을 알고 있어야 하며, 적응 프로그램을 작성하려면 소켓 프로그램을 잘 사용할 수 있어야 한다. 데이터베이스(DBMS)를 다루려면 오라클, MYSQL, MS SQL에 대한 지식이 요구된다. 특히 오라클은 국내 시장의 50% 이상을 차지하고 있으므로 이에 대한 지식은 전문가로 발돋움하기 위하여 필요하다.

이렇듯 컴퓨터 및 네트워크에 관한 지식 기반 위에 전문적인 보안 및 해킹 관련 기술을 습득한다면 세계 최고의 정보보안 전문가로 우뚝 설 수 있다. 해킹에는 시스템 해킹, 네트워크 해킹, 어플리케이션 해킹 등 많은 종류의 해킹이 존재하므로, 앞서 거론한 프로그래밍과 시스템 운영체제, 네트워크에 대한 기본지식이 탄탄하게 뒷받침되면 해커와의 싸움에서 승리할 수 있다.

어떻게 준비할 것인가

다양한 언론과 기관에서 꼽는 유망 직업에는 정보보안 또는 컴퓨터보안 전문가가 자주 포함되곤 한다. 그렇다면 정보보호 전문가가 되려면 어떤 준비가 필요할까? 우선 컴퓨터에 대한 기본지식, 시스템 및 네트워크 프로그래밍에 대한 지식이 필수적으로 요구된다. 또한 IT 및 정보보안 전문가에 대한 수요는 세계적인 추세이므로 영어를 능숙하게 구사한다면 애플, 구글 등의 글로벌 기업에서 일할 수 있는 기회도 잡을 수 있다.

어제 우리가 상상했던 꿈이 오늘의 현실이 될 수 있다. 단지 아무도 발견하지 못하여 꿈으로 남아 있을 뿐이다. 그것을 발견해 내는 사람이 당신이 되길 기원한다.

게임 개발자

NHN 게임제작팀 과장 윤경윤

클라이언트 기반의 온라인게임 위주이던 게임 시장이 훨씬 새롭고 다양한 분야로 확대를 거듭하고 있다. 애플사의 아이폰, 소스 프로그램이 공개된 운영체제(Operating System, OS)인 '안드로이드'를 탑재한 다양한 '안드로이드폰'을 필두로 스마트폰 게임, 페이스북, 네이트 앱스토어의 SNS(Social Network Service) 플래시 게임, 웹 브라우저를 기반으로 하는 다양한 장르의 웹 게임까지 등장하였다. 이에 따라서 게임 개발자들은 다양한 게임을 개발할 수 있게 되었다.

게임을 즐기는 사용자의 시각에서 볼 때, 게임 개발이 게임을 할 때처럼 재미있을 것 같지만 게임업계 종사자 입장에서 게임 개발은 많은 노력과 책

그림 3.5 높은 완성도로 많은 인기를 얻고 있는 블리자드의
스타크래프트2

임이 따르는 어려운 작업이다. 수많은 사람들이 아름다운 음악을 감상할 수 있는 바탕에는 작곡자의 뼈를 깎는 창작의 고통이 있는 것처럼, 멋진 게임이 완성되기까지는 게임 개발자들의 지난한 제작 과정이 숨어 있다. 자신이 제작한 게임을 즐기게 될 수많은 유저들, 게임광들을 생각하며 인고의 과정을 보람으로 참고 견딘 게임 개발자에게 완성된 게임이라는 큰 희열이 주어지는 것이다.

사람들에게 즐거움을 줄 수 있는 게임을 개발하기 위해서는 먼저 개발자 자신이 게임을 좋아하고 즐겨야 한다. 모든 엔터테인먼트 사업이 그러하겠지만 특히 게임 산업에 있어 종사자들이 스스로 즐기지 못한 채 게임을 개발했다면, 소비자가 그 게임을 즐길 것을 기대하기도 어려울 것이다. 이러한 이유로 게임 개발업계 종사자는 유난히 일에 대한 자기만족도가 높은 편이다.

좋은 게임은 뛰어난 프로그래밍 실력만으로 만들어지는 것이 아니다. 게임 개발자를 꿈꾸는 청소년이라면 지금 학교에서 배우는 모든 것들이 멋진 게임을 만드는 밑거름이 된다는 사실을 알아두기 바란다. 한국에서 가장 유명한 3D 전략시뮬레이션 게임 '스타크래프트'를 예로 들어 보자. 공격을 받아 폭파되는 장면 등의 사실적인 표현을 위해 수학과 물리학에 대한 지식을 갖추어야 하고, 게임의 배경이 되는 우주과학에 대해서도 알아야 한다. 시나리오에 대한 충실한 이해를 바탕으로 더욱 흥미로운 게임을 만들기 위해 다양한 분야의 문학과 인문학 지식도 필요하다. 이렇게 다양한 지식들이 조화를 이룬 게임만이 많은 사람들에게 사랑받을 수 있다.

최근에는 게임도 예술의 한 장르라고 말하는 사람들이 생겨나고 있다. 부모의 뜻에 따라, 대학에 가기 위해 억지로 한다는 생각 대신 장래의 꿈을 이루기 위한 준비라는 생각으로 학업에 최선을 다한다면 반드시 그 결실을 거두는 순간이 올 것이다.

게임 개발 작업은 기획, 그래픽 디자인 그리고 프로그래밍 부분으로 나뉘어 진행된다. 기획자는 게임의 방향을 정하고 주요 시스템 사항들이 고려된 기획서를 작성한 다음, 이 기획서를 기초로 게임의 설계도를 만들어 그래픽 디자이너와 프로그래머에게 제시하여 충분한 논의를 통해 게임의 취지를 공유한다. 그래픽 디자이너는 캐릭터, 배경 등의 디자인을 통해 가상세계를 이미지로 나타내는데, 평면상의 영상을 만드는 2D 디자이너와 공간상에서 영상을 나타내는 3D 디자이너로 구분하기도 한다. 프로그래머는 프로그래밍 작업을 통해 게임이 컴퓨터에서 작동할 수 있게 구현하여 게임을 완성하는 역할을 한다.

게임 프로그래머는 크게 서버 프로그래머와 클라이언트 프로그래머로 구분된다. 유저들이 게임을 하기 위해 사용하는 컴퓨터를 클라이언트라고 부르며, 클라이언트가 게임을 하려고 네트워크에 접속한 컴퓨터를 서버라고 한다. 서버는 유저가 게임 상에서 진행하는 행동들을 처리하며, 클라이언트는 유저가 실제로 다운로드하여 플레이하는 부분을 처리한다.

컴퓨터학부 전공자의 상당수가 프로그래밍 분야에서 일하므로, 게임 프로그래머의 업무를 세분하여 살펴보자.

게임 서버 개발

서버는 클라이언트와 네트워크 연결처리, 게임 로직 구현, 유저 간의 상호작용을 담당한다. 서버는 네트워크를 사용하여 클라이언트와 연결되어 있다. 서버와 클라이언트가 데이터를 주고받는 동안에 발생하는 각종 네트워크 문제를 서버가 처리해야 한다.

서버는 정해진 규칙에 의거해서 게임이 진행되도록 감독하며, 여러 유저가 게임에 참가한 경우 이들 간 상호동작 부분을 책임지며, 유저들이 메시지를 주고받을 수 있도록 서비스한다. 게임이 진행되는 중에는 사용자가 지시한 동작은 화면에서 즉시 의도한 대로 수행되어야 한다. 이를 위해서는 천천히 수행해도 될 작업과 즉각 수행할 작업을 분리해서, 즉시 처리할 작업은 게임 개발자를 위한 특수 프로그램인 서버엔진을 활용하여 빠르게 처리해야 한다. 또한 게임의 사용자를 효과적으로 처리하기 위해 특정기능만 전담하여 수행하는 기능 서버를 개발하기도 한다.

2D 게임 개발

2D 게임이란 2D 이미지만을 사용한 보드게임, 캐주얼 게임들을 말한다. 2D 게임은 잘 알려진 '슈퍼마리오' 게임에서처럼 캐릭터를 입체감 없이 옆모습만 유지하거나 앞모습만 보여준다. 2D에서도 어느 정도의 원근감이 나타나는데 실상은 2D 배경화면과 2D 활동화면을 따로따로 완성하여 이들을 겹쳐서 보여줄 뿐이다. 대부분의 2D 게임은 2D 엔진을 사용하여 개발한다.

3D 게임 개발

3D 게임은 3D 모델링 기법을 이용하여 입체감을 표현할 수 있어서, 3D 게임 사용자는 게임을 할 때에 실제와 유사하다는 느낌을 받는다. 3D 세계를 구현하기 위한 자체 3D 엔진을 개발하거나 언리얼(un-real) 엔진과 같은 상용 엔진을 이용하기도 한다.

웹 게임 개발

페이스북, 네이트 앱스토어를 통해 웹 브라우저에서 플레이하는 간단한 게임들은 주로 플래시를 사용하고 있다. 이외에도 html, 자바(java) 등의 언어를 사용하여 게임을 개발하기도 한다.

스마트폰 게임 개발

아이폰, 안드로이드폰 사용자가 늘어남에 따라 많은 게임업체들이 스마트 폰에서 동작하는 게임을 개발하고 있다. 스마트폰은 큰 화면과 고성능 CPU 를 내장하고 있어서 복잡한 3D 게임도 동작시킬 수 있다. 또한 불법다운로드가 성행하는 인터넷에 비해 게임 어플리케이션을 구매해야만 사용할 수 있어서 구매시장의 규모도 상당할 것으로 기대되고 있다. 스마트폰 게임을 개발하려면 각 스마트폰 회사에서 제공하는 개발도구를 사용해야 한다.

컴퓨터나 게임기 등 기계를 가지고 즐기는 게임을 제작할 때에는 기계를 능숙하게 다루지 못하는 사용자에 대한 이해와 연구가 필요하다. 유사한 장르의 게임이라 해도 사용 편리성에 따라 소비자의 선호가 달라지므로, 편리성에 대한 고려가 게임에 충분히 적용되었는지의 여부가 중요하다. 사용하기 불편한 게임은 재미가 있어도 소비자가 반복적으로 찾게 되지 않는다.

이렇게 소비자에게 편리한 사용방법을 제공하는 분야를 일컬어 '사용자 인터페이스'라고 한다. 전문가 중에는 사용자 인터페이스만을 특화한 전문가도 있다. 사용자 인터페이스는 현재도 개선할 분야가 많다.

개발자와 사용자간의 관계는 무엇보다 중요하다. 사용자는 정당한 대가를 지불하고 게임을 즐기는 고객인 동시에 소중한 팬이다. '블리자드'나 '엔씨소프트' 같은 게임업체들은 사용자들이 만족해 하는 다양하고 섬세한 서비스를 제공하여 오랫동안 많은 팬을 보유하고 있다. 게임 개발에서는 무엇보다 고객의 관점에서 고민하는 자세가 중요하다.

게임은 다양한 직군의 사람들이 모여서 만들기 때문에 각자의 기술과 능력도 중요하지만 구성원들 간의 관계 역시 중요하다. 사람 간의 소통과 관계는 게임 개발에서 잘 나타나지 않지만 결과물에 많은 영향을 미친다. 각 부문 개발자들이 얼마나 깊이 있게 소통하였는가에 따라서 게임의 성공과 실패가 좌우되기도 한다. 따라서 개발자들은 공동의 목표를 향해 서로 열린 마음을 가지고, 동료를 신뢰하며 일해야 한다. 함께 게임을 만드는 개발자들 사이에 불화가 있거나 개발자들 스스로 진행 중인 게임에 흥미를 느끼지 못한다면 그 게임은 완성하기가 어려우며 완성되더라도 좋은 결과를 얻기 힘들다.

인간관계는 게임 분야뿐 아니라 어떤 직업에서든 성공의 바탕이 된다. 청소년 시기에 다양한 방식으로 맺고 있는 인간관계들, 다시 말해 부모, 선생님, 친구들과의 생활과 그 관계들은 인격과 성격을 형성하는 데에 큰 영향을 미친다. 건강한 인간관계를 통해 형성한 인격을 가진 구성원들이 조직을 건강하게 하고, 또 그들이 만들어내는 제품이 사회를 건강하게 한다. 미래를 향한 꿈을 가진 여러분은 학창시절에 많은 양의 독서, 그리고 다양한 계층 사람들과의 교류를 통해 유연하게 생각하고 원만한 대인관계를 유지하는 능력을 기르기 바란다.

모든 컴퓨터학부 전공자가 프로그래머로 진출하는 것은 아니다. 그림이 취미이거나 모델링에 대한 관심이 있는 사람은 컴퓨터와 구조 이해를 바탕으로 3D 디자이너가 되기도 하며, 프로젝트 관리에서 각 직군 간의 의사소통 및 일정 관리자로서 역할을 하기도 한다.

자신의 전공을 결정할 때 고려해야 할 가장 중요한 점은 정말 하고 싶은 일이 무엇이냐는 것이며, 이는 자신이 무엇을 할 때 가장 신나는지를 관찰하여 파악할 수 있다. 성적이 곧 적성이라는 우습지만은 않은 우스갯소리도 나오는 요즘이지만, 점수나 등수는 그 한 번의 시험의 결과일 뿐, '나'라는 사람의 모든 것을 대변하지는 못한다. 또한 지금 인기 있는 직업이라 해도 현재의 청소년들이 사회에 나가 일하게 되는 십 년, 이십 년 뒤까지 계속 인기직종으로 남아 있으리란 법은 없다.

성공하기를 바라지 않는 사람은 없다. 성공하려면 남보다 뛰어나야 하고, 그러기 위해서는 남보다 열심히 일해야 하는데, 사람은 자신의 일이 즐거워야만 최선을 다할 수 있고 열심히 일할 수 있다. 성공하려면 자신이 즐거워하는 일을 택하라. 게임 개발이 정말 내가 하고 싶은 일이라는 결심이 서 있다면, 컴퓨터학부를 선택하고 열심히 공부해서 게임업계로 진출하라. 진심으로 노력하여 자신의 꿈에 한걸음씩 다가간다면, 컴퓨터학부를 선택하고 게임을 전공한 것을 후회하는 일은 결코 없을 것이다.

정보검색 전문가

NHN 검색 모델링팀 팀장/공학박사 김광현

1990년대 중반 이후 인터넷 사용이 보편화되면서 인터넷 사용자들이 가장 많이 사용하는 도구가 바로 검색기이다. 인터넷 사용자들은 검색기를 이용해서 인터넷에 공개된 수많은 정보 중 자신이 원하는 정보를 찾는다. 검색기술은 인터넷의 발전과 함께 1990년 중반부터 본격적으로 발전하기 시작하였다. 이 시기에 해외에서는 야후·알타비스타·익사이트·구글, 국내에서는 야후·심마니·라이코스·엠파스·다음·네이버 등의 여러 검색서비스가 등장하였다. 현재 국내에서 가장 많이 사용되는 네이버의 경우, 1일 방문자 수가 약 1,700만 명, 1일 검색 질의 수는 1억 3천만 개, 1일 페이지뷰는 9억 5천만 페이지를 기록하고 있다. 오늘날 인터넷 사용자에게 있어 검색서비스는 이처럼 필수적이다.

정보검색(Information Retrieval)은 주로 웹문서, 이메일, 논문, 뉴스, 책 등의 문서를 대상으로 사용자들이 원하는 정보를 빠르고 정확하게 찾는 방법을 연구하는 학문이다.

정보는 크게, 레코드 형태의 구조를 갖추어 데이터베이스에 기록되는 은행계좌 정보나 학교의 학생정보와 같은 구조적 데이터와, 구조를 갖추지 않고 나열된 책이나 글과 같은 비구조 데이터로 나뉜다. 데이터베이스는 이름, 학년, 나이, 성별 등과 같은 속성들(attributes)을 레코드라는 구조를 이용하여 보관하며, 이 속성들은 MySQL과 같은 데이터베이스 전용 프로그램을 이용하여 검색할 수 있다. 비구조 형식의 문서에서는 구조를 활용할 수 없으므로 사용자가 원하는 정보를 찾기가 구조적 데이터보다 상대적으로 어렵다. 정보검색은 기본적으로 비구조 데이터를 대상으로 이루어진다. 최근에는 구조가 알려진 데이터베이스에 대해서도 검색할 수 있는 기술이 추가로 개발되었다.

그림 3.6 국내 주요 검색서비스

정보검색 분야에서는 최근에 일반적인 텍스트 문서 외에도 이미지, 동영 상, 음악 등과 같은 멀티미디어 데이터들을 검색할 수 있는 연구가 활발히 진행되고 있다. 멀티미디어 검색에서는 사용자의 질의(query)와 데이터의 내 용(content)을 직접 비교하기가 어렵다. 가령 검색으로 특정인의 사진을 찾으 려 할 때, 사람이 직접 눈으로 보고 찾아도 누락하거나 실수하는 경우가 생 긴다. 하물며 컴퓨터는 그 특정인의 얼굴과 신체의 특성을 파악한 후 수많은 사진 가운데에서 그것을 찾아내야 하므로 오류가 많을 수밖에 없다.

미래에는 멀티미디어 검색기술이 발달하여 사람만큼 정확하게 검색하는 시스템이 등장하겠지만 현재까지 멀티미디어 검색은 연구 단계에 그치고 있 다. 하지만 멀티미디어 데이터를 이와 같은 방식으로 검색하는 대신, 멀티미 디어 데이터의 내용을 기술한 텍스트 데이터를 검색하는 방법으로 하면 간

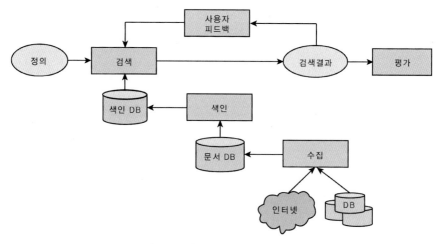

그림 3.4 증권회사의 시스템 구성의 일례

단하다. 예를 들어 MP3 형식의 파일은 노래 제목, 가수, 작곡자, 가사 등의 메타정보를 음악 파일에 포함하고 있기 때문에, 음악이 아니라 보관된 메타정보를 검색하면 원하는 정보를 쉽게 검색할 수 있다.

정보검색 기술은 정보검색 시스템(또는 검색엔진)을 통해 구현되며, 정보검색 시스템은 일반적으로 아래 그림과 같이 수집(crawl), 색인(index), 검색(search), 평가(evaluation), 사용자 피드백(user feedback) 등으로 구성된다. 정보검색 시스템의 구성요소들에 대해 간략히 알아보자.

수집

인터넷상의 자료를 빠르게 검색하기 위해서 검색 시스템은 검색할 대상인 콘텐츠를 미리 읽어 와서 컴퓨터에 보관하고 있다. 검색 요청이 들어오면 더 이상 인터넷을 뒤질 필요 없이 보관된 데이터를 빠르게 읽을 수 있으므로 검색시간이 단축된다. 이해를 돕기 위해 비유를 든다면, 식당에서 손님의 주문을 받으면 그제야 필요한 재료를 구입하는 것이 아니라, 아침에 시장에서 재료를 사두었다가 주문받은 즉시 요리를 만드는 것과 같은 이치이다.

검색 사이트는 이렇게 인터넷 자료를 미리 읽어오기 위해서 '웹 로봇'이라는 프로그램을 사용한다. 웹 로봇은 지정된 URL 리스트로부터 웹 문서를 수집하기 시작하여, 수집된 웹 문서에 포함된 URL들을 추출하고 다시 이 URL에 연결된 웹 문서를 수집한다. 여러 검색서비스들은 추가적으로 '게이트웨이(gateway)'라는 프로그램을 이용해 구조를 미리 학습한 데이터베이스의 데이터까지도 수집할 수 있다.

색인, 색인어

색인어는 문서 전체의 주요 단어를 의미한다. 검색 시스템은 읽어온 인터넷 자료를 저장할 때, 그 자료에서 가장 중요한 단어를 추출하여 이를 색인어로 정한다. 검색 시스템은 모은 인터넷 자료를 색인어를 기준으로 보관한다. 실제 검색에 있어서, 인터넷 자료로부터 색인어를 추출하는 방법과 인터넷 자료를 색인어에 따라 저장하는 방법은 검색 시스템의 성능을 결정하는 주요 요소이다.

색인어 추출 방법은 언어의 구조에 대해서도 민감하다. 한글로 된 색인어를 추출할 때에는 어절 단위와 형태소 단위, N-gram 단위 추출 등의 다양한 방법이 사용된다. 그리고 대부분의 정보검색 시스템에서는 추출된 색인어들과 색인어들의 문서정보, 위치정보 등을 '역 파일(inverted file)'이라는 특수한 형식의 파일에 저장하고 관리한다.

검색

일반적으로 검색서비스는 사용자의 정보요구를 표현하는 질의와 문서를 비교하여, 문서들을 질의에 적합한 순서에 따라 일렬로 나열한다. 검색서비스는 문서를 한 줄로 세우기 위해 사용자의 질의와 문서를 비교하여 적합도(relevance)를 계산한다. 적합도 계산은 검색 모델(retrieval model)이 담당한다. 사용자는 최소한의 시간을 투자해 검색하기를 바라기 때문에 사용자가 원하는 데이터를 상위에 배치시키는 것은 검색 시스템에서 가장 중요한 일이다.

많이 사용되는 검색 모델로는 불리언모델, 벡터공간모델, 확률모델 등이 있으며, 최근에는 언어모델이나 기계학습을 사용한 검색모델이 많이 사용되고 있다. 실제 검색서비스에서는 이러한 모델 몇 가지를 적절히 조합해 사용한다.

평가

정보검색 시스템의 검색 성능은 주로 재현율(recall)과 정확률(precision)로 평가받는다. 재현율은 문서 집합으로부터 사용자가 원할 가능성이 많은 문서를 빠짐없이 얼마나 골랐는가를 나타내고, 정확률은 검색한 문서들 가운데 사용자가 원하는 문서가 어느 정도로 포함되어 있는가를 나타낸다. 일반적으로 재현율보다는 P@5, P@10 등과 같이 상위 5등과 상위 10등에서의 정확률을 주로 사용한다. 검색서비스업체는 정확률과 재현율을 향상시키기 위해 꾸준히 연구하고 개선한다.

사용자 피드백

정보검색 분야에서는 검색의 정확도를 높이는 방법으로써 사용자의 피드백 정보를 많이 활용한다. 즉, 검색 결과에 대해 사용자가 만족 또는 불만족 여부를 검색 시스템에 입력하면 검색 시스템은 자동으로 전보다 개선된 검색 결과를 사용자에게 제공하여 검색 만족도를 향상시킬 수 있다. 그러나 사용자는 자신의 만족, 불만족을 입력하는 일 자체를 귀찮게 여기기 때문에 이런 방법보다는 검색서비스 사용자들의 클릭 정보를 데이터화하여 검색 품질을 개선하는 연구가 활발히 진행되고 있다.

일반인은 웹에서만 정보검색기를 이용하기 때문에 정보검색이 곧 웹 검색이라고 오해할 수 있다. 정보검색의 종류를 살펴보면 특정 사이트나 특정 데이터만을 검색 대상으로 하기도 하고, 검색의 주체, 예를 들면 기업이나 정부의 각 부서나 부처에 따라 제각기 다양한 방법으로 검색하기도 하며, 검색할 데이터에 따라 검색할 방법을 달리하기도 한다.

웹 검색 이외의 검색을 살펴보자. 버티컬 검색(Vertical Search)은 건강, 영화, 여행, 법률 등의 특정 주제에 대해 전문화된 정보와 기능을 웹에서 제공한다. 엔터프라이즈 검색(Enterprise Search)은 기업의 직원들이 웹 문서뿐 아니라 회사 내에서 주고받은 다량의 이메일, 리포트, 발표자료, 다양한 데이터베이스의 데이터를 검색하며 업무를 수행한다. 데스크톱 검색(Desktop Search)은 엔터프라이즈 검색의 개인용 버전으로 PC에 저장된 개인용 파일, 이메일, 방문했던 웹문서 등을 검색한다. 피어투피어 검색(Peer-to-Peer Search)은 네트워크로 연결된 컴퓨터들에 공유된 데이터를 검색한다. 이 방법은 특히 음악이나 동영상 파일 검색용으로 많이 이용되고 있다.

정보검색은 사용자 질의의 조건을 만족하는 문서들의 리스트를 제공하는 기본 기능 외에도 필터링(filtering), 분류(classification), Q&A(question answering)

등의 다양한 기능이 있다. 필터링은 사용자가 자신의 관심사를 프로파일(profile)에 저장하면 저장된 관심사에 적합한 정보가 검색될 때마다 검색된 정보를 메일로 보내준다. 분류는 검색 결과를 주제별로 분류하여 사용자에게 제공한다. Q&A는 일반적인 검색과 유사하지만, 사용자의 질의에 대해 적합한 문서들의 리스트를 제공하는 대신 질문에 대한 가장 정확한 답을 찾아 사용자에게 제공한다.

정보검색 분야는 주로 텍스트와 언어에 대한 수학적 모델과 수많은 문서의 대용량 데이터처리 기술을 개발해 왔으나, 최근에는 통계학, 수학, 심리학, 인공지능, 소셜 네트워크, 사용자 경험(User Experience, UX) 등 다양한 분야의 기술이 적용되고 있다. 정보검색이라는 용어 자체가 만들어진 지 얼마 되지 않으며, 이 분야를 연구한 기간도 짧아서 체계적으로 공부한 전문인력이 매우 부족한 실정이다. 현재는 컴퓨터공학, 특히 시스템 소프트웨어, 데이터베이스, 자연어 처리, 인공지능 등을 전공한 인력들이 주로 정보검색 관련 연구 및 개발 업무를 수행하고 있다.

최근 정보검색의 중요성이 대중에게 많이 알려져서 정보검색 개발자들을 검색 엔지니어(Search Engineer)라는 멋진 이름으로 부르기 시작했다. 검색 엔지니어의 주요 업무로는 검색모델 개발, 정보검색 시스템 설계 및 개발, 서비스 중인 정보검색 시스템의 운영 및 유지보수, 정보검색 시스템의 효율성을 높이기 위한 최적화 작업이 있다. 스팸 문서 제거나 양질의 정보 수집 또한 검색 엔지니어의 주요 업무이다.

현재 네이버, 다음, 네이트 등의 국내 검색서비스 회사들은 검색서비스뿐만 아니라 메일, 뉴스, 블로그, 카페, 게임 등의 다양한 서비스를 제공하는 포털(portal) 서비스를 지향하고 있기 때문에, 컴퓨터공학 전공자가 포털 서비스 회사에 취업하면 개인의 적성과 비전에 맞추어 다양한 경험과 실력을 쌓을 수 있다.

컴퓨터공학 전공자들은 포털 서비스 회사에서 주로 소프트웨어 개발자로 활약하고, 또 데이터 분석가, 인프라 엔지니어, 연구 개발자, 보안 관리자 등의 직무를 맡는다.

소프트웨어 개발자는 리눅스, 윈도, 모바일 환경에서 다양한 서비스를 개발하고, 서비스 오픈 후에는 운영과 관리를 맡으며, 서비스에 필요한 대용량 트래픽 처리, 서비스 안정성 유지, 서버 효율 최적화, 운영관리도구 개발 등을 담당한다. 그리고 메일, 게임, 커뮤니티 등의 다양한 서비스 플랫폼 개발과 검색엔진, 웹 로봇, 데이터베이스 등의 시스템 소프트웨어를 설계하고 개발한다.

데이터 분석가는 대용량의 복잡한 데이터를 분석하여 서비스 사용자들의 사용 행태와 요구사항 등을 정확히 파악하고, 인프라 엔지니어는 인터넷의 중심지에 설치한 인터넷데이터센터(IDC)의 여러 장비와 네트워크를 잘 관리하여 서비스를 안정적으로 제공할 수 있도록 한다. 연구 개발자는 최신 기술의 동향을 파악하고 새로운 기술들을 개발하여 서비스의 품질을 지속적으로 향상시킨다. 보안 관리자는 다수의 사용자가 동시에 의도적으로 특정 사이트에 접근을 시도하여 선의의 사용자들이 해당 사이트에 접근할 수 없도록 방해하는 DDOS(Distributed Denial of Service) 공격을 무력화시키고, 해커가 침입하여 사이트에 축적된 개인정보를 빼내가지 못하도록 보호한다.

이외에도 컴퓨터공학 전공자들은 포털 서비스 기업에서 소프트웨어 품질 관리, 프로젝트 관리, 데이터베이스 관리 등의 매우 중요한 업무를 담당한다.

맺는 글

오늘날 우리나라의 국력이 세계 10위권에 이르게 된 바탕에는 경제개발 시대 이후 수십여 년의 시간 동안 더 나은 내일을 위해 끊임없이 노력하고 쉼 없이 일한 윗세대의 희생과 인고가 숨겨져 있습니다.

이제 21세기 세계에서 대한민국이 이루어야 할 더 큰 도약은 과거 산업 불모지였던 한국에서 반도체와 통신, 자동차, 전자, 건설, 조선, 철강 등 여러 분야의 세계 굴지 기업을 일으켜낸 힘과 의지를 우리 후손들이 IT와 소프트웨어 산업 분야에서 전 세계를 향해 펼쳐가는 것입니다. IT와 소프트웨어 분야에 있어 인재의 중요성은 다른 산업 분야보다 더 큽니다. 기존의 산업은 대부분 막대한 시설투자와 인프라가 필수적이었지만, 소프트웨어 상품의 가치는 값비싼 장비와 설비가 아닌 사람의 능력에 의해 크게 좌우되는 것이기 때문입니다.

국토와 인구, 자원의 규모 면에서 우리보다 우월한 'BRICs' 네 나라, 즉 브라질, 러시아, 인도, 중국은 IT산업 분야에서 한국을 빠르게 추격하고 있으며, 특히 인도와 중국은 많은 투자와 노력을 IT 및 소프트웨어 분야에 집중하여 세계의 예측을 넘어서는 고속성장을 거듭하고 있습니다.

우리나라가 국제적으로 오늘날의 경쟁력을 지켜나가고 더욱 강화하기 위해서는 정부와 기업, 대학, 연구기관 등 모든 부문의 협력이 필요하며, 무엇보다 더욱 많은 인재가 IT와 소프트웨어 분야로 진출하는 것이 중요합니다. 한국이 빠른 경제성장을 이룰 수 있었던 원동력은 뜨거운 학구열로 연구와 공부에 젊음을 바친 양질의 인적 자원이었습니다. 오늘날에도 그러한 열의와 인재들은 얼마든지 존재하며, 그들을 시대가 요구하는 걸출한 소프트웨어 인력으로 양성하는 것이 우리 대학이 해야 할 의무일 것입니다.

　그러한 사명감의 일환으로 세상에 나온 이 책이 꿈을 가진 청소년들에게 나아갈 방향을 가리켜주는 작은 빛이 되고, 무한한 가능성의 IT분야로 더 많은 젊은이들이 진출하여 우리나라를 더욱 독보적인 소프트웨어 강국으로 세워, 함께 윤택한 미래를 누리는 데에 일조할 수 있기를 바랍니다.

지은이 ────────────────────────────────

길아라, 김계영, 김명원, 김명호, 김병기, 김수동,
박동주, 박영택, 서창진, 성준경, 양승민, 이남용,
이수원, 이정현, 황규백 (이상 컴퓨터학부 교수)

김광현, 변원규, 서경석, 제갈원강, 유홍준, 윤경윤,
홍석우, 홍순좌 (이상 컴퓨터학부 동문)

컴퓨터와 IT 그 진화와 미래
컴퓨터를 알면
미래가 보인다

초판발행 2010년 12월 17일
초판 3쇄 2019년 1월 11일

펴낸이 채종준
펴낸곳 한국학술정보(주)
주소 경기도 파주시 회동길 230 (문발동)
전화 031 908 3181(대표)
팩스 031 908 3189
홈페이지 http://ebook.kstudy.com
E-mail 출판사업부 publish@kstudy.com
등록 제일산-115호(2000. 6. 19)

ISBN 978-89-268-1783-4 03560 (Paper Book)
        978-89-268-1784-1 08560 (e-Book)